U0341798

高等学校"十三五" 规划教材

数据库应用技术

主编 李海峰 刘 欢 张贯虹

北 京
冶金工业出版社
2020

内 容 提 要

　　本书共分为 10 个项目：项目 1 介绍了数据库的基本概念及数据库安装的步骤；项目 2 介绍了 SQL Server 2017 服务器的配置及管理和开发工具的使用；项目 3 介绍了创建与维护表的相关知识；项目 4 介绍了数据查询的基本方法；项目 5 介绍了创建视图和索引的方法；项目 6 介绍了事务、游标及其存储过程和触发器的使用方法；项目 7 介绍了数据库的安全机制和管理办法；项目 8 介绍了数据库的备份和还原的常见策略；项目 9 介绍了综合开发案例设计；项目 10 介绍了数据库新技术。本书案例丰富，通俗易懂。

　　本书可作为高等院校计算机及相关专业的教学用书，也可作为数据库技术从业人员和爱好者的培训教材或参考书。

图书在版编目 (CIP) 数据

　　数据库应用技术 / 李海峰，刘欢，张贯虹主编 . —北京：
冶金工业出版社，2020.10
　　高等学校"十三五"规划教材
　　ISBN 978-7-5024-8624-2

　　Ⅰ . ①数… Ⅱ . ①李… ②刘… ③张… Ⅲ . ①关系数据库
系统 Ⅳ . ①TP311.132.3

　　中国版本图书馆 CIP 数据核字 (2020) 第 201170 号

出 版 人　苏长永
地　　　址　北京市东城区嵩祝院北巷 39 号　邮编　100009　电话　(010)64027926
网　　　址　www.cnmip.com.cn　电子信箱　yjcbs@cnmip.com.cn
责任编辑　俞跃春　刘林烨　美术编辑　郑小利　版式设计　禹　蕊
责任校对　石　静　责任印制　李玉山
ISBN 978-7-5024-8624-2
冶金工业出版社出版发行；各地新华书店经销；北京兰星球彩色印刷有限公司印刷
2020 年 10 月第 1 版，2020 年 10 月第 1 次印刷
787mm×1092mm　1/16；16 印张；385 千字；248 页
48.00 元
冶金工业出版社　投稿电话　(010)64027932　投稿信箱　tougao@cnmip.com.cn
冶金工业出版社营销中心　电话　(010)64044283　传真　(010)64027893
冶金工业出版社天猫旗舰店　yjgycbs.tmall.com
（本书如有印装质量问题，本社营销中心负责退换）

前　言

随着计算机技术的不断发展，数据库技术的应用无处不在，SQL Server 2017 数据库管理系统作为当今最受欢迎的数据库开发工具之一，有着强大的编程功能和灵活的可伸缩性，目前已经得到了广泛应用。

SQL Server 2017 与其他关系型数据库系统相比，不仅功能强大，而且操作相对简单，此外，它还具备关系型数据库所要求的强大的数据运算和数据汇总能力，可以帮助用户轻而易举地建立和管理数据库。

为满足各行各业计算机用户及在校学生学习和应用 SQL Server 2017 的需要，编者根据多年的教学、科研和实际应用数据库管理软件的经验，并结合 SQL Server 2017 的特点编写了本书。本书全面讲解了 SQL Server 2017 的各项功能和操作，并给出了详尽的实例讲解，以通俗易懂的方式能够使读者轻松、快速地掌握 SQL Server 2017 的强大功能，希望本书的出版能有助于广大读者对 SQL Server 2017 数据库管理软件的理解、掌握和应用。

本书主要基于任务驱动式教学法，以培养职业实践能力为原则，突出高等教育的特色。全书以 Microsoft 公司的 SQL Server 2017 数据库管理系统为平台，以学生管理系统作为教学案例贯穿始终，每个任务均采用"任务描述—任务分析—完成步骤—相关知识—实训指导"的结构体系，注重理论与实践的结合，培养读者解决实际问题的能力，使读者能够轻松地掌握 SQL Server 2017 数据库的知识与应用。

本书由大连交通大学李海峰、哈尔滨理工大学刘欢、合肥学院张贯虹担任主编。全书由李海峰、刘欢、张贯虹统编定稿，具体编写分工如下：项目 1~项目 4 由李海峰编写；项目 5~项目 7 由刘欢编写；项目 8~项目 10 由张贯虹编写。

由于编者水平有限，书中不妥之处，希望读者批评指正。

编　者
2020 年 6 月

目　　录

项目 1　了解数据库开发环境

【学习目标】

（1）了解数据库系统；

（2）了解选择 SQL Server 2017 的目的；

（3）熟悉 SQL Server 2017 的安装要求和系统要求；

（4）了解 SQL Server 2017 的管理和开发工具。

【技能目标】

（1）了解安装 SQL Server2017 的系统硬件要求；

（2）在 Windows 10 平台上安装 SQL Server 2017；

（3）了解 SQL Server 2017 运行的方法。

任务 1.1　安装 SQL Server 2017

【任务描述】

SQL Server 2017 的安装。

【任务分析】

SQL Server 2017 企业版所需的硬件环境和软件环境要达到的最低要求。

【完成步骤】

（1）在 SQL Server 2017 的安装文件夹中找到 Setup. exe 文件，用鼠标左键双击此文件，就可以启动安装程序。【SQL Server 安装中心】界面如图 1-1 所示。

（2）在【SQL Server 安装中心】的左侧界面中，选择【安装】选项，弹出安装界面，如图 1-2 所示。

（3）在【SQL Server 2017 安装】界面中，选择【全新 SQL Server 独立安装或向现有安装添加功能】选项，将弹出【SQL Server 2017 安装程序】界面，如图 1-3 所示。

（4）在相应位置输入正确的产品密钥，单击【下一步】按钮，将弹出【许可条款】界面，如图 1-4 所示。

（5）阅读"MICROSOFT 软件许可条款"，然后选中【我接受许可条款（A）】复选框，即可激活【下一步】按钮。单击【下一步】按钮，将弹出【Microsoft 更新】界面，如图1-5 所示。

（6）勾选【使用 Microsoft Update 检查更新（推荐）（M）】，然后单击【下一步】按钮，

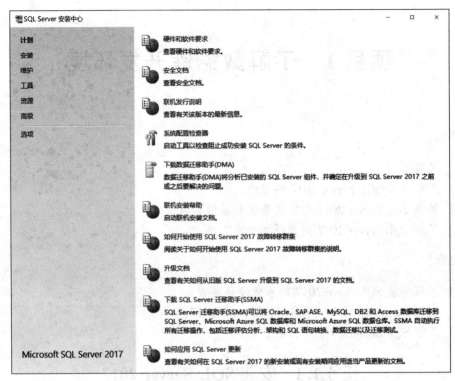

图 1-1　【SQL Server 安装中心】界面

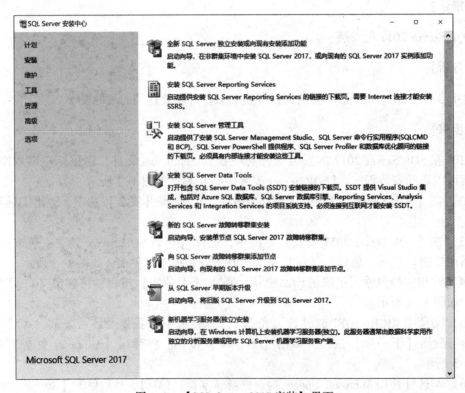

图 1-2　【SQL Server 2017 安装】界面

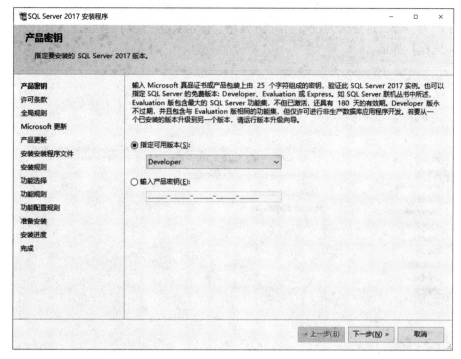

图 1-3 【SQL Server 2017 安装程序】界面

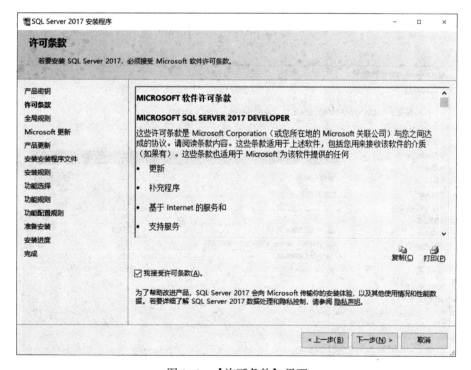

图 1-4 【许可条款】界面

系统将安装需要的更新文件，然后到安装规则画面，如图 1-6 所示。该界面将对安装规则进行检查，如果状态为失败或者警告，则需进一步分析原因。例如图 1-6 中 "Windows 防火墙" 显示为警告，这是因为没有打开防火墙。单击【下一步】按钮进入如图 1-7 所示的【功能选择】界面。

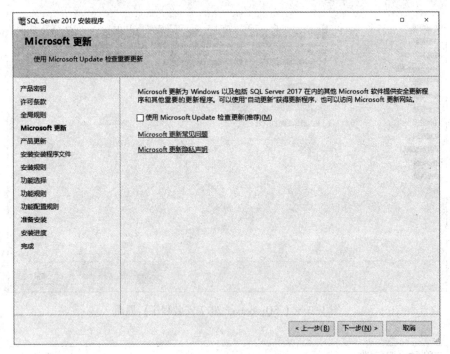

图 1-5　【Microsoft 更新】界面

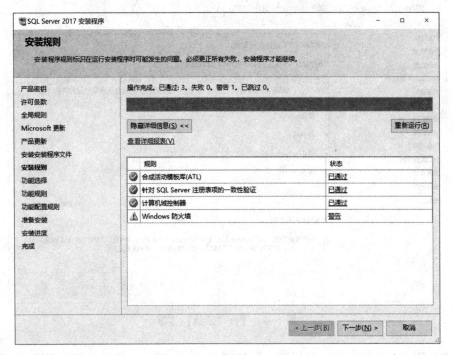

图 1-6　【安装规则】界面

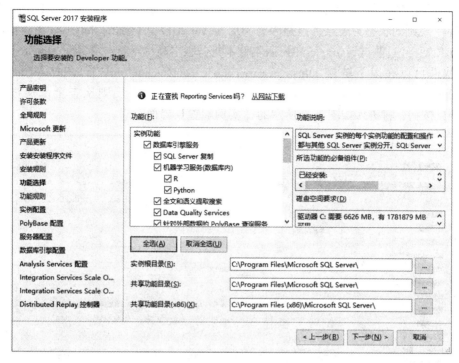

图1-7　【功能选择】界面

（7）在【功能选择】界面上，可选择要安装的功能（见图1-8），并设置好【共享功能目录】的安装路径。单击【下一步】按钮，将进行规则检查。

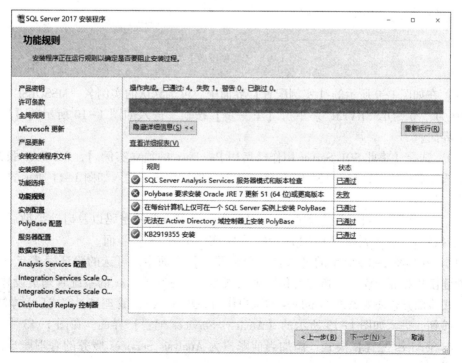

图1-8　【功能规则】界面

（8）在规则检查中，有可能出现"Polybase 要求安装 Oracle JRE 7 更新 51（64 位）或更高版本"规则的状态为失败，这是因为 SQL Server 2017 新增加的 Polybase 功能要求安装 Oracle JRE 7。经过测试，Oracle JRE 版本低不行，版本高也不行，必须是 Oracle JRE 7 版本。该软件可以在以下链接 https：//www. oracle. com/technetwork/java/javase/downloads/java-archive-downloads-javase7-521261. html 免费下载。如果规则检查全部通过，单击【下一步】按钮，将进入如图 1-9 所示的【实例配置】界面。

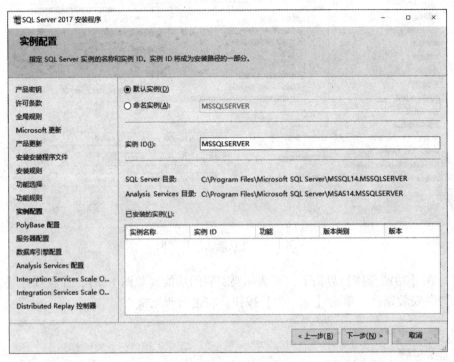

图 1-9 【实例配置】界面

（9）在如图 1-9 所示的【实例配置】界面中，可选默认的实例名 "MSSQLSERVER"，实例 ID 为 "MSSQLSERVER"。单击【下一步】按钮，进入如图 1-10 所示的【Polybase 配置】界面。

（10）选择【将此 SQL Server 用作已启用 PolyBase 的独立实例。】，PolyBase 服务的端口可以选择默认的 "16450-16460"。单击【下一步】按钮，进入如图 1-11 所示的【服务器配置】界面。

（11）在如图 1-11【服务器配置】界面中，设置服务的密码以及启动类型后，单击【下一步按钮】，进入到如图 1-12 所示的【数据库引擎配置】界面。

（12）在如图 1-12 所示的【数据库引擎配置】界面中，可选的验证模式有 Windows 身份验证模式和混合模式。指定身份验证模式后，为 SQL Server 的系统管理员设置密码，混合模式验证方式还要添加 Windows 的账户作为 SQL Server 的管理员。完成后，单击【下一步】按钮，进入如图 1-13 所示的【Analisys Services 配置】界面。在图 1-13 中，选择【Analysis Services 配置】模式，添加当前账户为 Analysis Services 服务的管理账户，如图 1-14 所示。

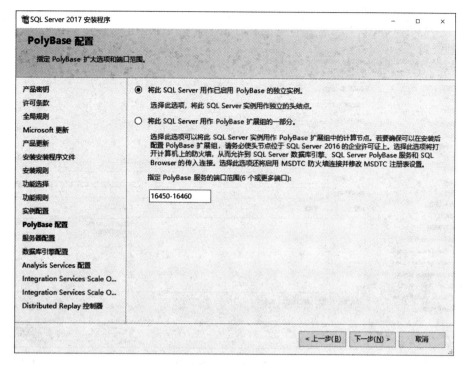

图 1-10　【PolyBase 配置】界面

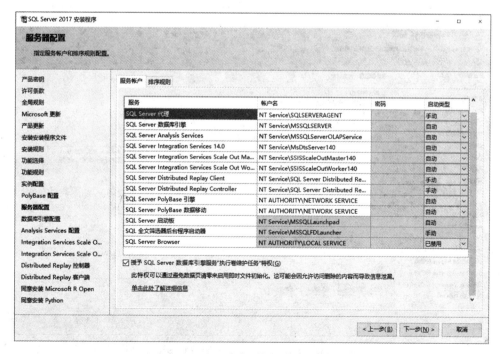

图 1-11　【服务器配置】界面

（13）在如图 1-14 所示的【Analysis Services 配置】界面中，单击【下一步】按钮，进入【Integration Services Scale Out 配置—主节点】界面，如图 1-15 所示。在图 1-15 中，

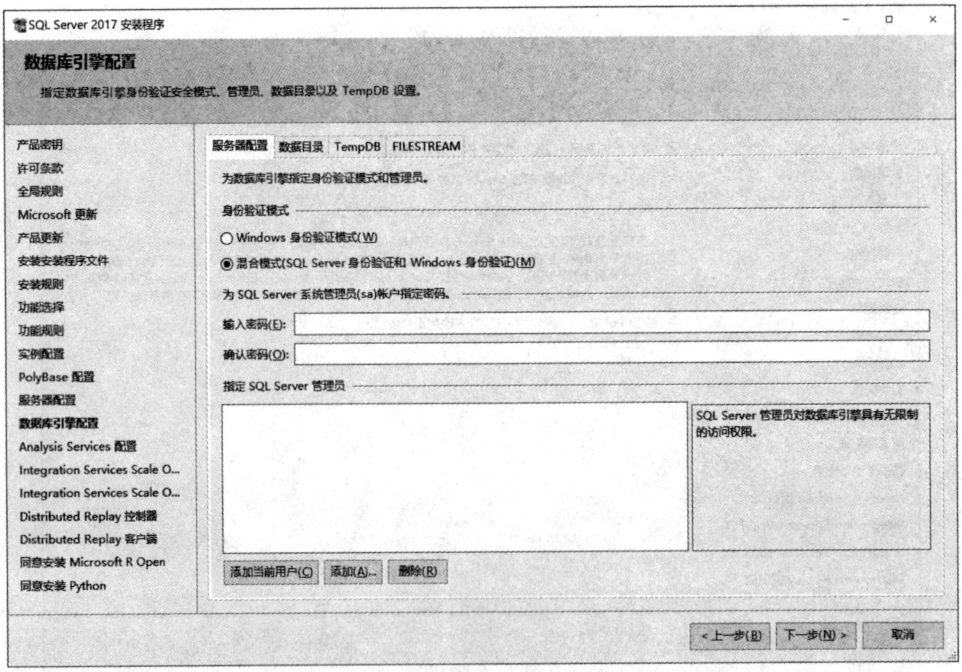

图 1-12　【数据库引擎配置】界面

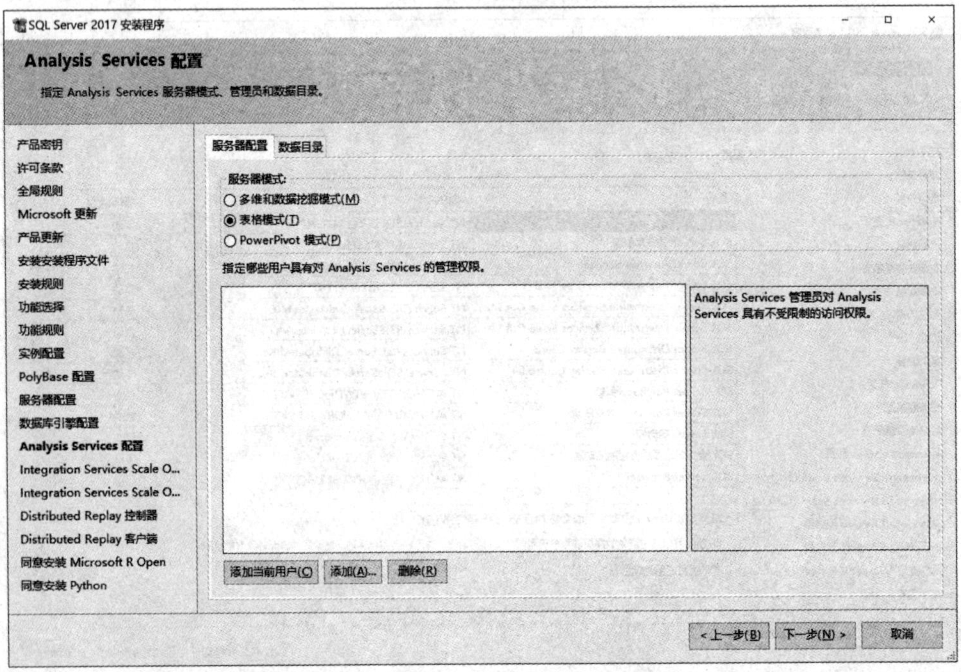

图 1-13　【Analysis Services 配置】界面 1

指定端口号，并新建证书，单击【下一步】按钮，进入如图 1-16 所示的【Integration Services Scale Out 配置—辅助角色节点】配置界面。

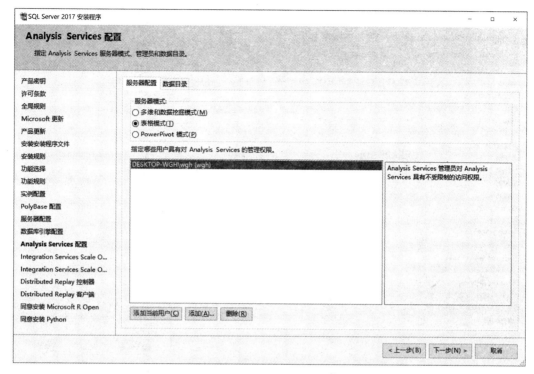

图 1-14 【Analysis Services 配置】界面 2

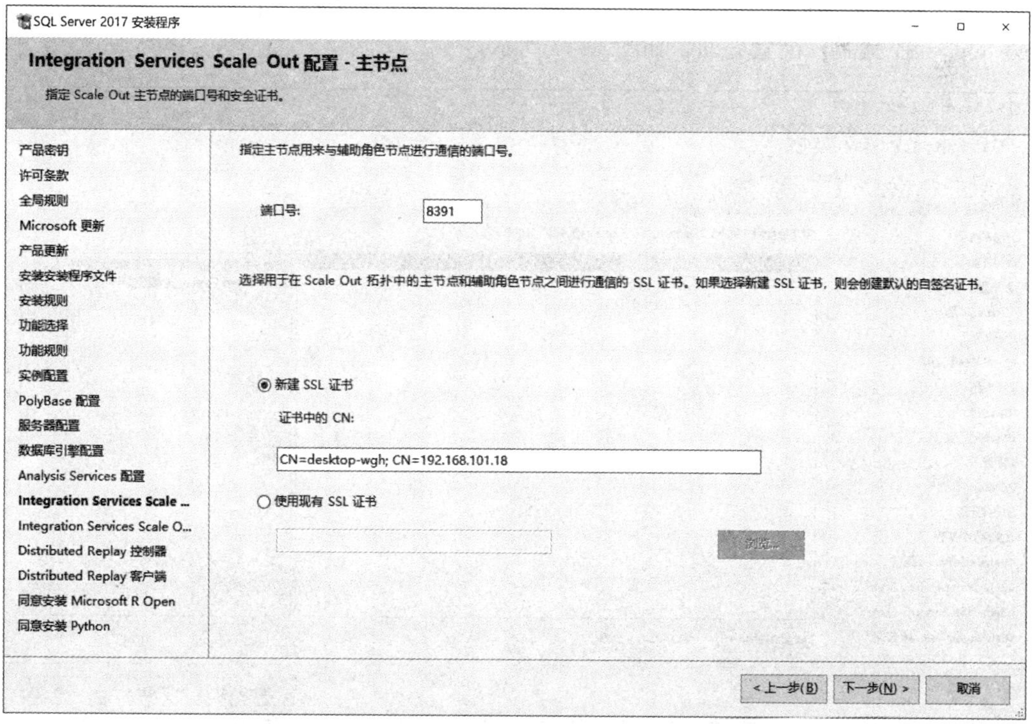

图 1-15 【Integration Services Scale Out 配置—主节点】界面

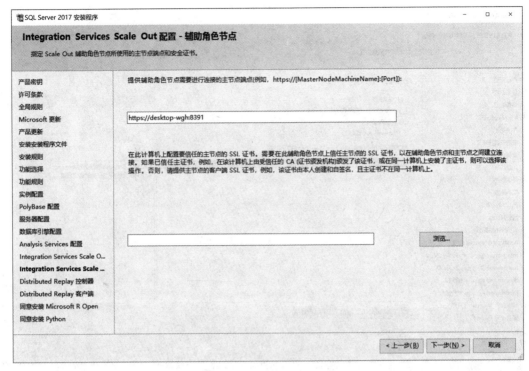

图 1-16　【Integration Services Scale Out 配置—辅助角色节点】界面

（14）在图 1-16 中，可采用默认的 8391 端口。单击【下一步】按钮，进入【Distrib-uted Replay 控制器】配置界面，如图 1-17 所示。

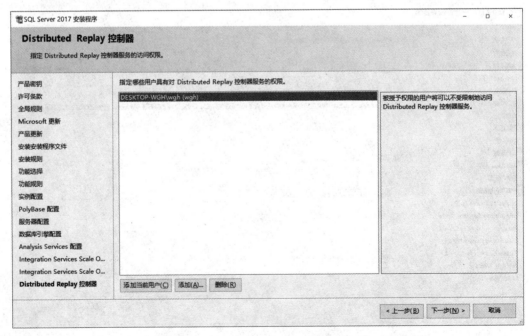

图 1-17　【Distributed Replay 控制器】界面

（15）添加当前用户具有 Distributed Replay 控制器服务权限，单击【下一步】按钮。进入【Distributed Replay 客户端】配置界面，如图1-18所示。

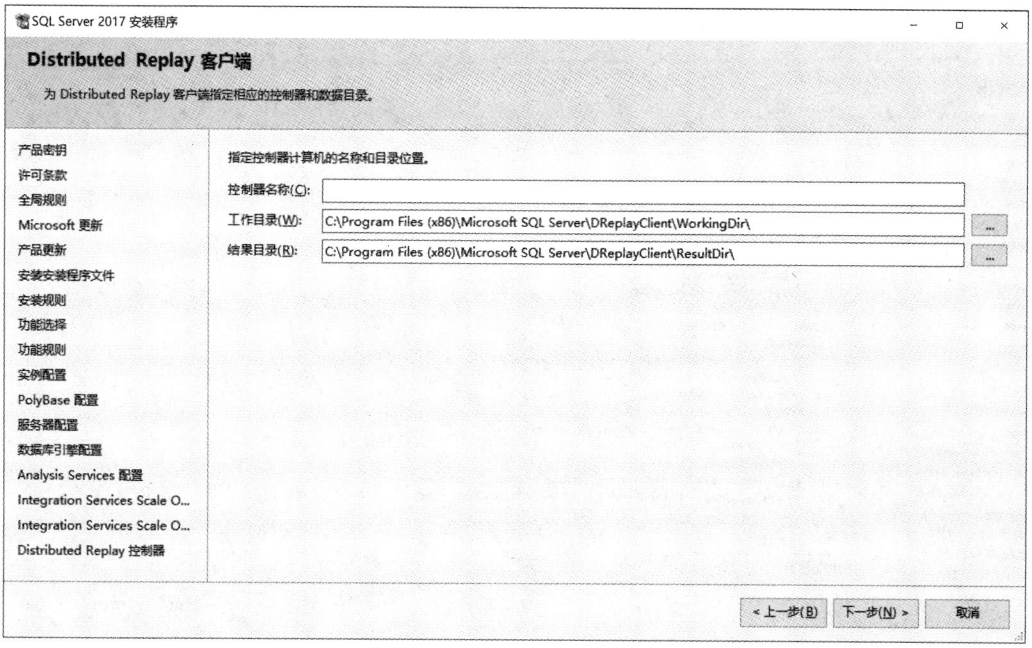

图1-18　【Distributed Replay 客户端】界面

（16）在如图1-18所示的【Distributed Replay 客户端】配置界面中，单击【下一步】按钮，进入【Microsoft R Open】安装界面，如图1-19所示。

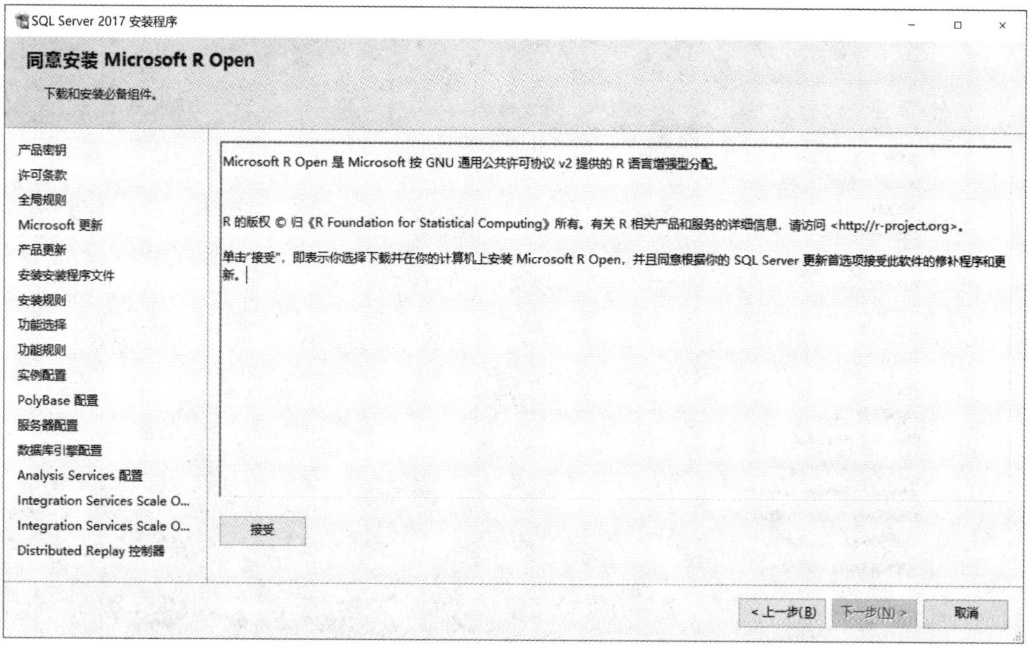

图1-19　【同意安装 Microsoft R Open】界面

（17）在图 1-19 中，接受许可协议后，将点亮【下一步】按钮。单击【下一步】按钮，如果所有选择的功能都已经配置完毕，将出现如图 1-20 所示的【准备安装】界面。

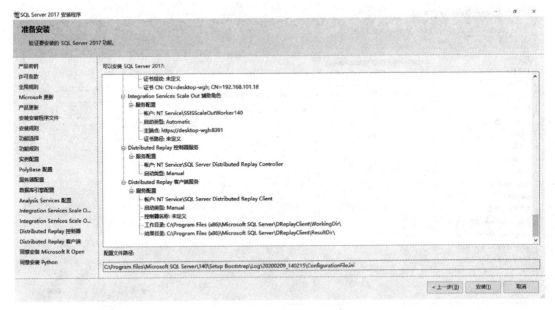

图 1-20 【准备安装】界面

（18）单击【安装】按钮，将显示安装进度，如图 1-21 所示。

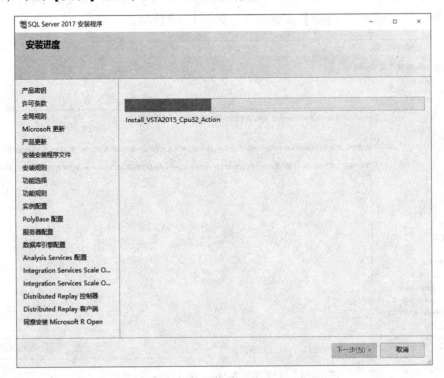

图 1-21 【安装进度】界面

（19）安装完成后必须重启计算机，如图1-22所示。

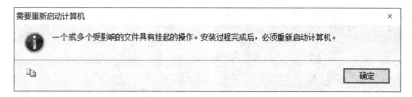

图1-22 【需要重启计算机】界面

（20）重启后将自动完成 SQL Server 的配置，配置完成后将显示【安装成功】界面，如图1-23所示。

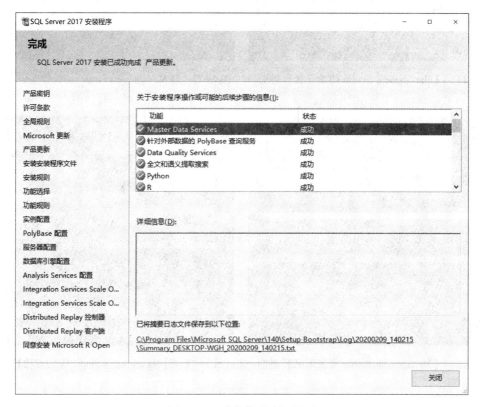

图1-23 【安装成功】界面

SQL Server 的管理工具（SQL Server Management Studio，SSMS）已经没有集成到 SQL Server 2017 中，现在 SSMS 是一个单独的组件，这是因为 SSMS 可以有自己的发行计划，能够更快速地修复 BUG 或者增加新功能。可以在以下网址下载 SQL Server 的管理工具：https：//msdn.microsoft.com/en-us/library/mt238365.aspx。下载后，运行安装文件，将出现安装界面。选择安装位置，单击【安装】按钮，加载程序包并进行安装。安装过程如图1-24~图1-27所示。

重新启动后将完成 SQL Server Management Studio 的安装。

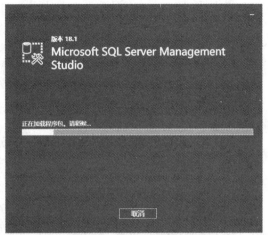

图 1-24 【Management Studio 初始安装】界面　　图 1-25 【Management Studio 加载程序包】界面

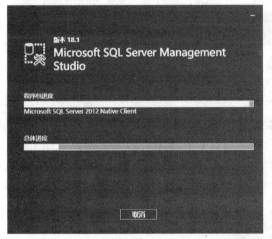

图 1-26 【Management Studio 安装进度】界面　　图 1-27 【Management Studio 安装成功】界面

【相关知识】

1.1.1 数据库和数据库管理系统

1.1.1.1 数据库概述

数据库（Database，DB）是数据管理的最新技术，是计算机专业科学的一个重要分支。数据库是存放数据的仓库，是为了满足某一部门多个用户、多种应用的需求，安装一定的数据模型，在计算机中组织、存储和使用的相互联系的数据集合。

数据的广义定义是描述事物的符号记录，它可以是数字，也可以是文字、图形、声音、语言等多种形式，这些形式都可以经过数字化后存入计算机。数据是数据库中存储的基本对象，人们收集并抽取出所需要的大量数据之后，应该将其保存起来进行进一步的加工处理，从而得到有用信息。

数据库是指长期存储在计算机内有组织的、可共享的数据集合。数据库具有集成性、共享性、海量性和持久性的特点。

1.1.1.2 数据库系统的组成

数据库系统（Database System，DBS）是在计算机系统中引入数据库后的系统，是由数据库、数据库管理系统、应用系统、数据库管理员、操作系统、应用开发工具和用户构成的，如图1-28所示。

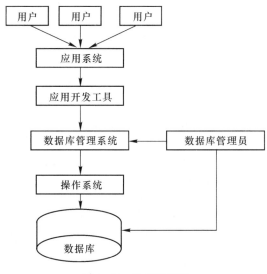

图1-28 数据库系统

数据库管理系统（Database Management System，DBMS）是位于用户与操作系统之间的一层数据管理软件，是数据库系统的核心软件。它主要解决如何科学地组织和存储数据，以及如何高效地获取和维护数据的问题。一个数据库管理系统的主要功能包括以下4个方面：

（1）数据定义功能。DBMS首先必须能充分定义各种类型的数据项，它提供了数据定义语言，用户通过它可以方便地对数据库中的数据对象进行定义。

（2）数据处理功能。DBMS还提供了数据操纵语言，用户可用它对数据库进行查询、插入、删除等基本操作，同时也可以编制相应的应用程序来满足特殊的要求。

（3）数据安全功能。DBMS在数据库建立、运用和维护时进行统一管理、统一控制，避免不必要的人为损失，从而保证数据的安全性、完整性及多用户的使用权限。

（4）数据备份功能。数据库安全除了受人为破坏外，还受到外来事件破坏的威胁，DBMS应该为用户提供准确、方便的备份功能。

一个数据库系统只靠一个数据库管理系统是远远不够的，还要有专门的人员来对其进行管理和维护，这些人被称为数据库管理员（Database Administrator，DBA）。数据库管理员是指全面负责数据库系统正常运转的高级人员，他们主要负责以下工作：决定数据库中的信息内容和信息结构，决定数据库的存储结构和存取策略，定义数据的安全性要求和完整性约束条件，监控数据库的使用和运行及改进和重组重构。

1.1.2　初识 SQL Server 2017

1.1.2.1　SQL Server 的发展

SQL Server 的发展历程见表 1-1。

表 1-1　SQL Server 的发展历程

年份	版　　本	说　　明
1988	SQL Server	与 Sybase 公司共同开发的运行于 OS/2 上的联合应用程序
1993	SQL Server 4.2（一种桌面数据库）	一种功能较少的桌面数据库，能够满足小部门数据存储和处理的需求。数据库与 Windows 集成，界面易于使用并广受欢迎
1994		微软公司与 Sybase 公司终止合作关系
1995	SQL Server 6.05（一种小型商业数据库）	对核心数据库引擎做了重大的改进，性能得以提升，重要的特性得到增强。具备了处理小型电子商务和内联网应用程序的能力，而在花费上却少于其他的同类产品
1996	SQL Server 6.5	SQL Server 逐渐突显实力，以至于 Oracle 推出了运行于 NT 平台上的 7.1 版本作为直接的竞争产品
1998	SQL Server 7.0一种 Web 数据库	该数据库介于基本的桌面数据库（如 Microsoft Access）与高端企业级数据库（如 Oracle 和 DB2）之间，为中小型企业提供了切实可行的可选方案。该版本易于使用，并提供了对于其他竞争数据库来说需要额外附加的昂贵的重要商业工具（如分析服务、数据转换服务）
2000	SQL Server 2000一种企业级数据库	SQL Server 在可扩缩性和可靠性上有了很大的改进，成为企业级数据库市场中重要的一员。它卓越的管理工具、开发工具和分析工具为其赢得了新的客户
2005	SQL Server 2005	对 SQL Server 的许多地方进行了改进，例如，SQL Server 2005 最重要的改进是引入了.NET Framework。此项改进将允许构建.NET SQL Server 专有对象，从而使 SQL Server 具有灵活的功能
2008	SQL Server 2008	SQL Server 2008 是在 SQL Server 2005 的架构基础之上打造出来的，同样涉及处理像 XML 这样的数据、紧凑设备（Compact Device）及位于多个不同地方的数据库安装的问题。另外，它提供了在一个框架中设置规则的能力，以确保数据库和对象符合定义的标准。并且，当这些对象不符合该标准时，还能就此进行报告
2012	SQL Server 2012	SQL Server 2012 延续了 SQL Server 2008 数据平台的强大能力，全面支持云技术与平台，并且能够快速构建相应的解决方案，实现私有云与公有云之间数据的扩展与应用的迁移
2014	SQL Server 2014	SQL Server 2014 在 SQL Server 2012 的基础上增加了内存数据库功能。在商业智能中，用户可以通过 Office 等工具对数据进速分析，并为用户提供了云备份以及云灾难恢复等混合云应用场景
2016	SQL Server 2016	SQL Server 2016 在 SQL Server 2014 的基础上新增了高级安全功能、Hadoop 和云集成、R 分析等功能，并对许多功能进行了改进和增强
2017	SQL Server 2017	SQL Server 2017 在 SQL Server 2016 的基础上跨出了重要的一步，它力求通过将 SQL Server 的强大功能引入到 Linux 以及基于 Linux 的 Docker 容器中，使用户可以在 SQL Server 平台上选择开发语言、数据类型、本地开发或云端开发，以及不同的操作系统

1.1.2.2　SQL Server 2017 简介

SQL Server 2017 是 SQL Server 发展历史上有重大更新的产品版本。它在 SQL Server 2016 基础之上增加了许多新的特性，并做出许多关键的改进，从而成为至今为止最强大和最全面的 SQL Server 版本。

SQL Server 2017 为用户提供了完整的数据库管理和分析解决方案，以处理目前能够采用的许多种不同数据形式为目的，通过提供新的数据类型和使用语言集成查询（LINQ）。SQL Server 2017 的新增功能较多，其主要新增功能见表 1-2。

表 1-2　SQL Server 2017 增强功能

主　题	说　明
新的"可用性组"功能	包括无群集读取扩展支持、最小副本提交可用性组设置和 Windows-Linux 跨操作系统迁移和测试
可恢复的联机索引重新生成	可从发生故障（如到副本的故障转移或磁盘空间不足）后联机索引重新生成操作停止处恢复该操作，或暂停并稍后恢复联机索引重新生成操作
新一代的查询处理改进	新一代的查询处理改进，将对应应用程序工作负荷的运行状况采用优化策略。查询处理功能进行了 3 项新的改进，分别为批处理模式自适应连接、批处理模式内存授予反馈和针对多语句表值函数的交错执行。
自动数据库优化	提供对潜在查询性能问题的深入了解、提出建议解决方案并自动解决已标识的问题
用于建模多对多关系的新图形数据库功能	包括用于创建节点和边界表的新 CREATE TABLE 语法和用于查询的关键字 MATCH

1.1.2.3　SQL Server 2017 的版本和系统要求

● SQL Server 2017 的版本

SQL Server 2017 是一个全面的数据平台，其使用集成的商业智能工具提供企业级的数据管理和更安全、可靠的存储功能，使用户可以构建和管理用于业务的高可用性和高性能的数据应用程序。该版本还可以为不同规模的企业提供不同的数据解决方案。SQL Server 2017 的不同版本能够满足企业和个人独特的性能、运行时间以及价格要求。

SQL Server 2017 的常见版本见表 1-3。

表 1-3　SQL Server 2017 的常见版本

版　本	特　点
企业版（Enterprise Edition）	作为高级产品/服务，SQL Server Enterprise Edition 提供了全面的高端数据中心功能，性能极为快捷、无限虚拟化 1，还具有端到端的商业智能，可为关键任务工作负荷提供较高服务级别并且支持最终用户访问数据见解
标准版（Standard Edition）	SQL Server Standard 版提供了基本数据管理和商业智能数据库，使部门和小型组织能够顺利运行其应用程序，并支持将常用开发工具用于内部部署和云部署，能够以最少的 IT 资源获得高效的数据库管理
网络版（Web Edition）	对于为小规模至大规模 Web 资产提供可伸缩性、经济性和可管理性功能的 Web 宿主和 Web VAP 来说，SQL Server Web 版本是一项总拥有成本较低的选择

版　本	特　点
开发者版（Developer Edition）	SQL Server Developer 版支持开发人员基于 SQL Server 构建任意类型的应用程序。它包括 Enterprise 版的所有功能，但有许可限制，只能用作开发和测试系统，而不能用作生产服务器。SQL Server Developer 是构建和测试应用程序的人员的理想之选
精简版（Express Edition）	Express 版本是入门级的免费数据库，是学习和构建桌面及小型服务器数据驱动应用程序的理想选择。它是独立软件供应商、开发人员和热衷于构建客户端应用程序人员的最佳选择。如果需要使用更高级的数据库功能，则可以将 SQL Server Express 无缝升级到其他更高端的 SQL Server 版本。SQL Server Express LocalDB 是 Express 的一种轻型版本，该版本具备所有可编程性功能，在用户模式下运行，并且具有快速的零配置安装和必备组件要求较少的特点

- 安装 SQL Server 2017 的系统要求

安装 SQL Server 2017 的系统要求分为对硬件系统的要求（见表1-4）和对网络环境的要求（见表1-5）。

表 1-4　SQL Server 2017 对系统硬件的要求

硬　件	最 低 要 求
处理器	建议最低要求 1.6GHz 的处理器，推荐使用 2GHz 以上处理器
内存	企业版：最低要求 1GB，推荐使用 4GB 或更高； 标准版：最低要求 1GB，推荐使用 4GB 或更高； 工作组版：最低要求 1GB，推荐使用 4GB 或更高； 开发者版：最低要求 1GB，推荐使用 4GB 或更高； 网络版：最低要求 1GB，推荐使用 4GB 或更高； 精简版：最低要求 512MB，推荐使用 1GB 或更高
硬盘空间	实际硬盘空间需求取决于系统配置和决定安装的功能，完全安装至少需要 8G 的硬盘空间
显示器	SQL Server 图形工具需要 VGA 或更高分辨率，至少为 1024×768DPI

表 1-5　SQL Server 2017 对网络环境的要求

网络组件	最 低 要 求
IE 浏览器	最低要求为 IE 6.0 SP1 或更高版本
IIS	安装报表服务要求 IIS 5.0 以上
ASP. NET 4.0	报表服务需要 ASP. NET

1.1.2.4　SQL Server 2017 的体系结构

了解 SQL Server 数据库，可先从其体系结构来观察。SQL Server 的体系结构如图1-29所示，主要包含 4 个组成部分，分别为协议层（Protocols）、关系引擎（Relational Engine）、存储引擎（Storage Engine）和 SQLOS。以下对此四部分分别做简单介绍。

- 协议层（Protocols）

当应用程序与 SQL Server 数据库通信时，首先需要通过 SNI（SQL Server Network In-

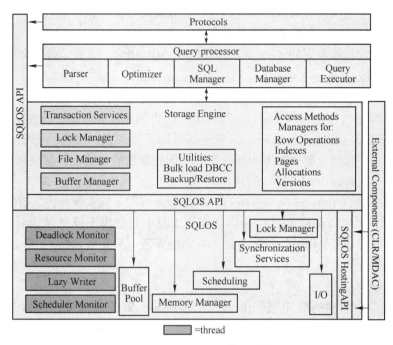

图 1-29　SQL Server 体系结构

terface）网络接口选择建立通信连接的协议。可以使用以下协议：

（1）TCP/IP：应用最广泛的协议。

（2）Named Pipes：仅为局域网（LAN）提供服务。

（3）Shared Memory：仅支持在同一台机器上。

（4）VIA（Virtual Interface Adapter）：仅支持高性能 VIA 硬件（该协议已弃用）。

可以对 SQL Server 进行配置，使其可以同时支持多种协议。各种协议在不同的环境中有着不同的性能表现，需要根据性能需求选择合适的协议。如果客户端并未指定使用哪种协议，则可配置逐个地尝试各种协议。

连接建立后，应用程序即可与数据库进行直接的通信。当应用程序准备使用 T-SQL 语句"select ∗ from TableA"向数据库查询数据时，查询请求在应用程序侧首先被翻译成 TDS 协议包（TDS：Tabular Data Stream 即表格格式数据流协议），然后通过连接的通信协议信道发送至数据库一端。

SQL Server 协议层接收到请求，并将请求转换成关系引擎可以处理的形式。

● 关系引擎（Relational Engine）

关系引擎也称为查询处理器（Query Processor），主要包含以下三部分：

（1）命令解析器（Command Parser）。命令解析器可以检查 T-SQL 语法的正确性，并将 T-SQL 语句转换成可以进行操作的内部格式，即查询树（Query Tree）。

（2）查询优化器（Query Optimizer）。查询优化器可以从命令解析器处得到查询树，判断查询树是否可被优化，然后将从许多可能的方式中确定一种最佳方式，对查询树进行优化。

（3）查询执行器（Query Executor）。查询执行器可以运行查询优化器产生的执行计划，在执行计划中充当所有命令的调度程序，并跟踪每个命令执行的过程。大多数命令需要与存储引擎进行交互，以检索或修改数据等。

其中，协议层将接收到的 TDS 消息解析回 T-SQL 语句，首先传递给命令解析器。

● 存储引擎（Storage Engine）

SQL Server 存储引擎中包含负责访问和管理数据的组件，主要包括：

（1）访问方法（Access Methods）。访问方法包含创建、更新和查询数据的具体操作。

（2）锁管理器（Lock Manager）。锁管理器可用于控制表、页面、行和系统数据的锁定，负责在多用户环境下解决冲突问题，管理不同类型锁的兼容性，解决死锁问题，以及根据需要提升锁（Escalate Locks）的功能。

（3）事务服务（Transaction Services）。事务服务可用于提供事务的 ACID 属性支持。

（4）实用工具（Controlling Utilities）。实用工具中包含用于控制存储引擎的工具，如批量加载（Bulk-load）、DBCC 命令、全文本索引管理（Full-text Index Management）、备份和还原命令等。

● SQLOS

SQLOS 是一个单独的应用层，位于 SQL Server 引擎的最低层。SQLOS 的主要功能包括：

（1）调度（Scheduling）；

（2）内存管理（Memory Management）；

（3）同步（Synchronization）：提供 Spinlock，Mutex，ReaderWriterLock 等锁机制；

（4）内存代理（Memory Broker）：提供 Memory Distribution 而不是 Memory Allocation；

（5）错误处理（Exception Handling）；

（6）死锁检测（Deadlock Detection）；

（7）扩展事件（Extended Events）；

（8）异步 I/O（Asynchronous IO）。

1.1.2.5 SQL Server 特点

目前，常用的数据库产品有 SQL Server、Oracle、MySQL 等。相对于其他数据库产品，SQL Server 具有以下特点：

（1）易用性，适合分布式组织的可伸缩性，用于决策支持的数据仓库功能，与许多其他服务器软件紧密关联的集成性、良好的性价比等。

（2）为数据管理与分析带来了灵活性，允许单位在快速变化的环境中从容响应，从而获得竞争优势。从数据管理和分析角度看，可将原始数据转化为商业智能，以及可以充分利用 Web 带来的机会。

（3）作为一个完备的数据库和数据分析包，SQL Server 为快速开发新一代企业级商业应用程序、为企业赢得核心竞争优势打开了胜利之门。

（4）作为重要的基准测试可伸缩性和速度奖的纪录保持者，SQL Server 是一个具备完全 Web 支持的数据库产品，提供了对可扩展标记语言（XML）的核心支持以及在 Internet 上和防火墙外进行查询的能力。

（5）在开放性方面，SQL Server 2017 之前只能在 Windows 上运行，SQL Server 2017 现已支持 Linux 系统。不过 SQL Server on Linux 积累的用户相对少，经过测试和版本迭代的次数相对较少，在 Linux 运用的稳定性相对弱一些。

任务 1.2　认识 SQL Server 2017 管理和开发工具

【任务描述】

SQL Server 2017 管理和开发工具的使用。

【任务分析】

熟练使用 SQL Server 配置管理器、Reporting Services 配置管理器、SQL Server 导入和导出向导等管理和使用数据库服务器。

【完成步骤】

（1）SQL Server 配置管理器。SQL Server 配置管理器是用于管理与 SQL Server 相关联的服务、配置 SQL Server 使用的网络协议及从 SQL Server 客户端计算机管理网络连接配置。它集成了 SQL Server 2017 中的服务器网络实用工具、客户端网络实用工具和服务管理器的功能。【SQL Server 配置管理器】界面如图 1-30 所示。

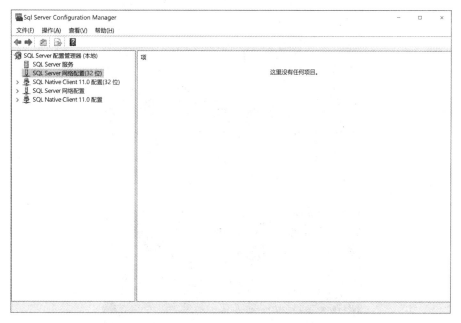

图 1-30　【SQL Server 配置管理器】界面

（2）Reporting Services 配置管理器。SQL Server 2017 已将 Reporting Service 从安装包中分离，不再作为组件的形式包含在 SQL Server 中，Reporting Service 要单独安装。可以在以下网址下载安装包：https://www. microsoft. com/zh－cn/download/confirmation. aspx？id＝55252，下载后运行 SQLServerReportingServices. exe，安装界面如图 1-31~图 1-37 所示。

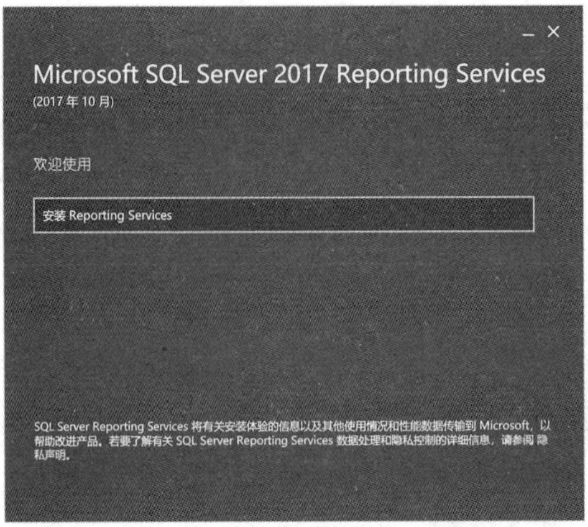

图 1-31　【Reporting Services 安装】界面

图 1-32　【Reporting Services 版本选择】界面

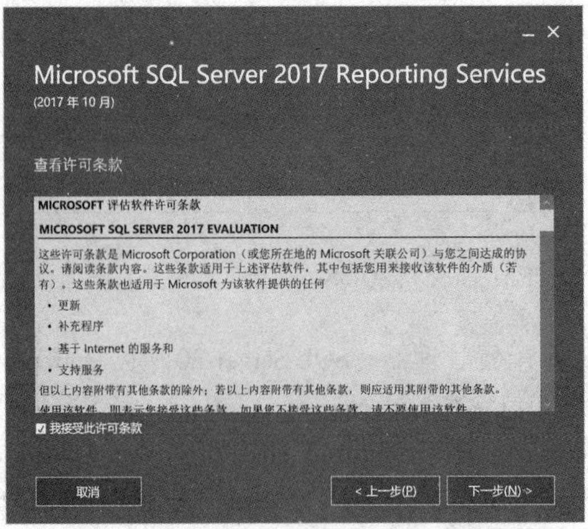

图 1-33　【Reporting Services 许可协议】界面

图 1-34　【Reporting Services 数据库引擎选择】界面

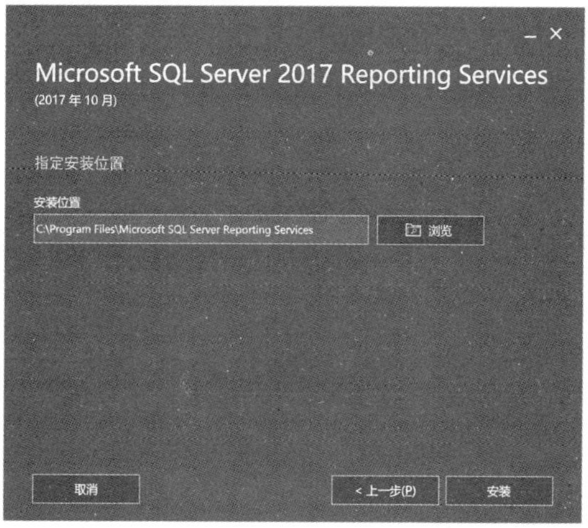

图 1-35　【Reporting Services 指定安装位置】界面

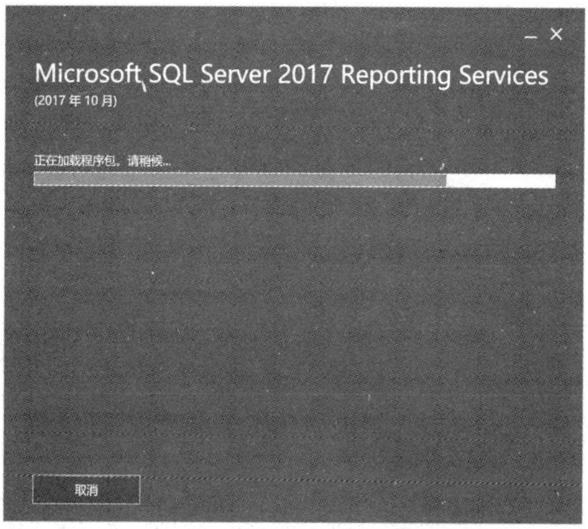

图 1-36　【Reporting Services 加载程序包】界面

图 1-37 【Reporting Services 安装成功】界面

安装完成后需要重启计算机完成配置。重启后单击【Report Server Configuration Manager】菜单，即可进入到【报表服务器配置管理器】界面，如图 1-38 所示。

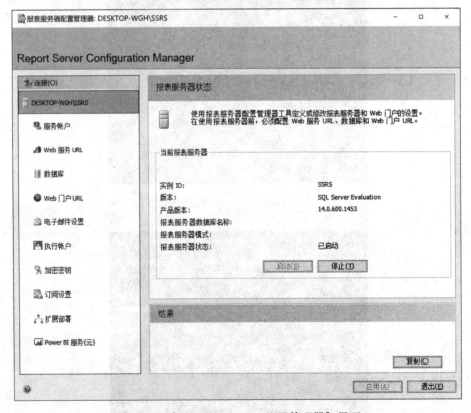

图 1-38 【Reporting Services 配置管理器】界面

（3）SQL Server 导入和导出向导。SQL Server 导入和导出向导为在数据源之间复制数据和构造基本包提供了一种最简单的方法，其允许在多种常用数据格式（包括数据库、电子表格和文本文件）之间导入和导出数据。【SQL Server 导入和导出向导】界面如图 1-39 所示。

图 1-39   【SQL Server 导入和导出向导】界面

（4）SQL Server Profiler。SQL Server Profiler 是用于 SQL Server 跟踪的图形用户界面，其用于监视数据库引擎或 Analysis Services 的实例。它可以捕获有关每个事件的数据并将其保存到文件或表中，供以后分析。【SQL Server Profiler】界面如图 1-40 所示。

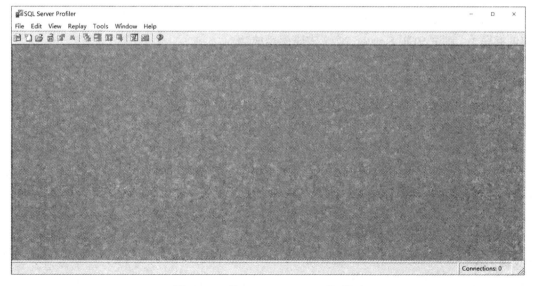

图 1-40   【SQL Server Profiler】界面

（5）数据库引擎优化顾问。使用数据库引擎优化顾问可以优化数据库，以改进查询处理。数据库引擎优化顾问检查指定数据库中处理查询的方式，然后建议如何通过修改物理设计结构（如索引、视图和分区）来改善查询处理性能。它取代了 SQL Server 2000 中的索引优化向导，并提供了许多新增功能。【数据库引擎优化顾问】界面如图 1-41 所示。

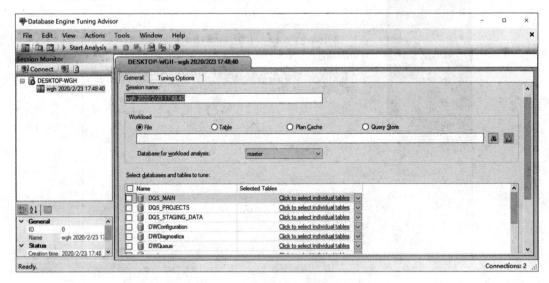

图 1-41　【数据库引擎优化顾问】界面

【项目总结】

本项目主要讲述了 SQL Server 2017 的安装过程及 SQL Server 2017 常用的管理和开发工具。

项目实训 1

实训指导 1　测试 SQL Server 2017 安装是否成功

【实训目标】

掌握测试 SQL Server 2017 安装成功与否的方法。

【需求分析】

SQL Server 2017 安装成功后，要进一步测试其是否能连接成功。

【实训环境】

SQL Server 2017 已成功安装。

【实训内容】

在 SQL Server 配置管理器中，将相关的服务关闭，再重新启动 SQL Server 2017，如果能够成功启动, 则说明 SQL Server 2017 安装成功。

实训指导 2　完全卸载 SQL Server 2017

【实训目标】

掌握完全卸载 SQL Server 2017 的方法。

【需求分析】

由于客户需求, 本程序需更换为其他版本数据库, 现需要将 SQL Server 2017 完全卸载。

【实训环境】

已经安装过 SQL Server 2017 版本数据库。

【实训内容】

（1）单击【开始】→【控制面板】→【卸载程序】, 在程序列表中选中【SQL Server 2017】并单击【卸载】。

（2）在程序列表中卸载 SQL Server 2017 相关组件。

（3）清空注册表, 单击【开始】→【运行】, 在【运行】界面中输入 "regedit" 后单击【确定】按钮, 进入【注册表编辑器】界面, 找到【HKEY_ LOCAL_ MACHINE】→【SYSTEM】→【CurrentControlSet】→【Control】→【Session Manager】中的 "Pending FileRename Operations" 值（在右侧）, 并将其删除。

项目2 数据库管理

【学习目标】

（1）了解数据库的文件组成；

（2）掌握数据库设计的方法和步骤。

【技能目标】

（1）配置 SQL Server 2017 服务的服务器；

（2）查看 SQL Server 2017 管理工具；

（3）使用实用工具管理 SQL Server 2017；

（4）分离和附加数据库。

任务 2.1　注册 SQL Server 服务器

【任务描述】

本任务将介绍配置服务和配置服务器，以及建立服务器注册的方法。

【任务分析】

完成服务和服务器的配置，然后重新注册一个新的 SQL Server 服务器。

【完成步骤】

（1）配置服务。配置服务主要是用来设置 SQL Server 2017 服务的启动状态及使用何种账户启动，其操作步骤如下：

1）单击【控制面板】→【管理工具】→【服务】程序。打开【服务】窗口，该窗口中列出了所有系统中的服务，从列表中选择"SQL Server（MSSQLSERVER）"，如图 2-1 所示。

2）选中"SQL Server（MSSQLSERVER）"，单击鼠标右键，在弹出的快捷菜单中选择【属性】命令，打开【SQL Server（MSSQLSERVER）的属性（本地计算机）】对话框，如图 2-2 所示。在【常规】选项卡中将启动类型选为【自动】，并单击【确定】按钮。

3）选择【控制面板】→【管理工具】，单击【SQL Server 配置管理器】，该窗口列出了 SQL Server 2017 相关的服务，如图 2-3 所示。

4）在右侧详细信息窗格中选中【SQL Server（MSSQLSERVER）】服务名称，单击鼠标右键，在弹出的快捷菜单中选择【属性】命令。

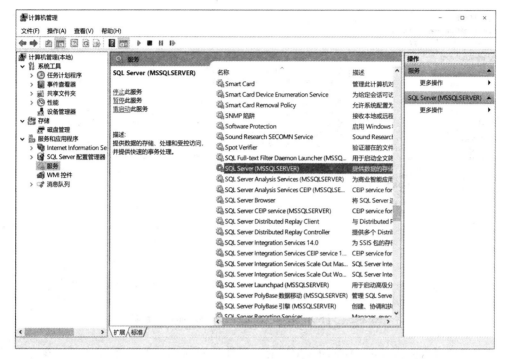

图 2-1　【服务】窗口

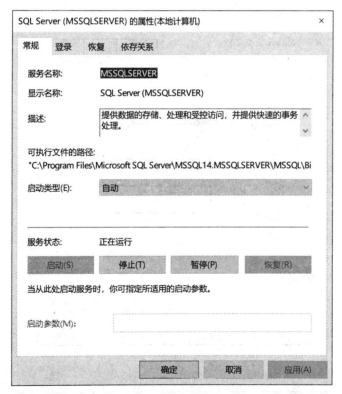

图 2-2　【SQL Server（MSSQLSERVER）的属性（本地计算机）】对话框

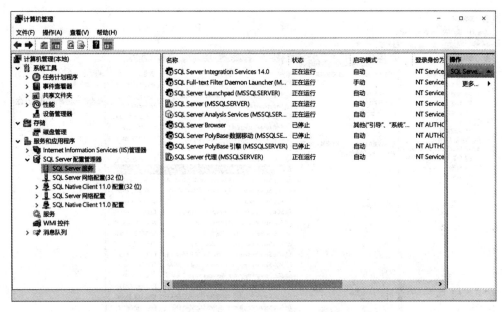

图 2-3 【SQL Server Configuration Manager】窗口

5）打开【SQL Server（MSSQLSERVER）属性】对话框，如图 2-4 所示。在【登录】选项卡中选择登录身份为【内置账户】，单击【确定】按钮。

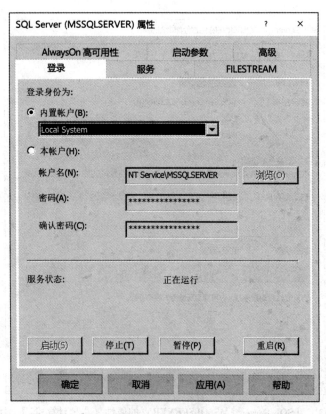

图 2-4 【SQL Server（MSSQLSERVER）属性】界面

（2）配置服务器。配置服务器是为了充分利用 SQL Server 2017 的系统资源、设置 SQL Server 2017 服务器默认行为的过程，具体操作步骤如下：

1）选择【开始】→【所有程序】→【Microsoft SQL Server Tools 18】→【SQL Server Management Studio 18】命令，首先弹出【连接到服务器】对话框，如图 2-5 所示。

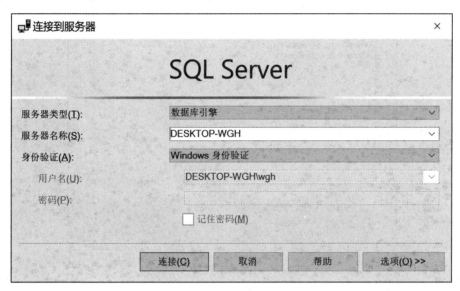

图 2-5 【连接到服务器】界面

2）在【服务器名称】列表框中选择本地计算机名称，选择【身份验证】方式为【Windows 身份验证】。

或者从【服务器名称】下拉列表中选择【浏览更多】选项，打开在本地或网络上的【查找服务器】界面。切换到【本地服务器】选项卡，选择【数据库引擎】中的【DESK-TOP-WGH】，如图 2-6 所示。单击【确定】按钮。

3）选择完成后，单击【连接】按钮，如果服务器【DESKTOP-WGH】在【Microsoft SQL Server Management Studio】窗口中，则表示连接服务器成功，如图 2-7 所示。

（3）更改服务器属性。更改服务器属性的具体操作步骤如下：

1）在【Microsoft SQL Server Management Studio】窗口的【对象资源管理器】窗格中选中服务器名称【DESKTOP-WGH】选项，单击鼠标右键，在弹出的快捷菜单中选择【属性】命令。

2）打开【服务器属性】窗口，如图 2-8 所示，单击【安全性】选项，在【服务器身份验证】选项区域中选中【SQL Server 和 Windows 身份验证模式】，表示允许"混合方式登录"。

3）单击【确定】按钮，打开【Microsoft SQL Server Management】消息框，提示重新启动 SQL Server 后配置更改才会生效，单击【确定】按钮。

4）返回【Microsoft SQL Server Management Studio】窗口，在【对象资源管理器】窗格中选中【DESKTOP-WGH】选项，单击鼠标右键，在弹出的快捷菜单中选择【重新启动】命令，如图 2-9 所示。

图 2-6　【本地服务器】界面

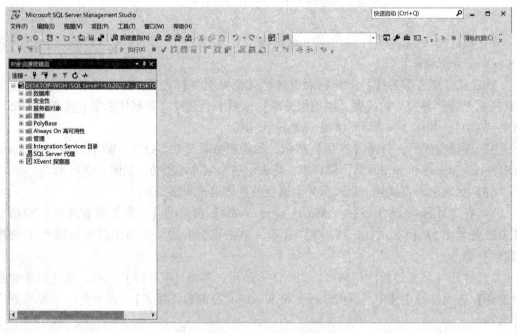

图 2-7　连接服务器成功

5）打开【Microsoft SQL Server Management Studio】消息框，提示"是否确实要重新启动 MFB 上的 MSSQLSERVER 服务?"，单击【是】按钮，则该服务器重新启动。

（4）注册服务器。注册服务器的具体操作步骤如下：

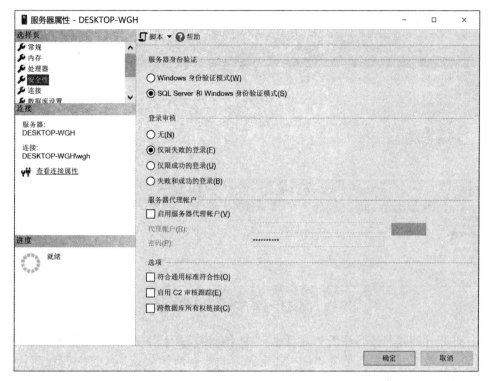

图 2-8 【服务器属性】窗口

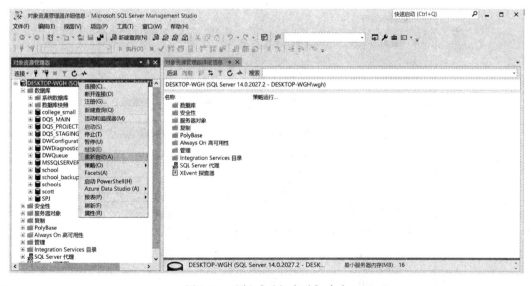

图 2-9 选择【重新启动】命令

1）在【Microsoft SQL Server Management Studio】窗口中，选择【查看】→【已注册的服务器】命令，在打开的【已注册的服务器】窗口中选中【数据库引擎】→【本地服务器组】选项，单击鼠标右键，在弹出的快捷菜单中选择【新建服务器注册】命令，如图 2-10 所示。

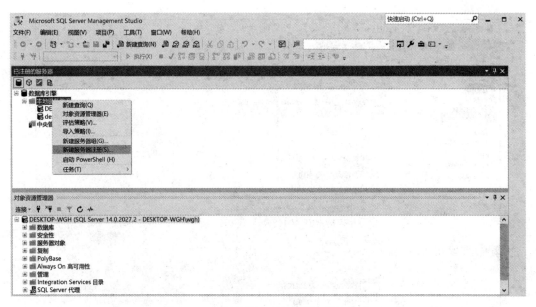

图 2-10 选择【新建服务器注册】命令

2）打开【新建服务器注册】对话框，在【身份验证】下拉列表中选择【SQL Server 身份验证】，在下方输入登录名"sa"和密码（与安装时的"sa"登录密码相同），勾选【记住密码】复选框，在【已注册服务器名称】文本框中输入安装时的服务名称"DESKTOP-WGH"，如图 2-11 所示。

图 2-11 【新建服务器注册】对话框

3）切换到【新建服务器注册】对话框的【连接属性】选项卡，在此选项卡中设置连接到数据库、网络及其他连接属性。

4）在【连接到数据库】下拉列表中指定当前用户将要连接到的数据库名称。其中，【默认值】选项表示连接到 Microsoft SQL Server 系统中当前用户默认使用的数据库，【浏览服务器】选项表示可以从当前服务器中选择一个数据库。选择【浏览服务器】选项时，打开【查找服务器上的数据库】窗口，指定当前用户连接服务器时默认的数据库，选择系统数据库下拉列表中的【master】作为连接的数据库，如图 2-12 所示。

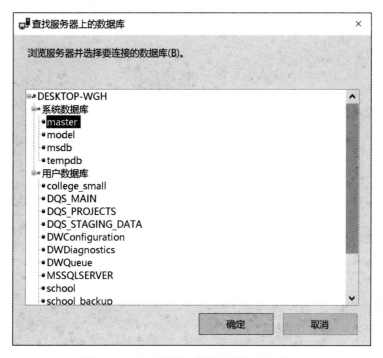

图 2-12　【查找服务器上的数据库】窗口

5）单击【连接属性】选项卡，设置网络协议为"默认值"、网络数据包大小为"4096 字节"、连接超时值为"30 秒"、执行超时值为"0 秒"。不勾选【加密连接】复选框，表示不启用加密连接，如图 2-13 所示。单击【测试】按钮验证连接是否成功，如显示"连接测试成功"，则表示连接属性设置是正确的，单击【保存】按钮完成服务器的注册。

6）在【对象资源管理器】窗格中，选中【DESKTOP-WGH（SQL Server14.0.2027.2-DESKTOP-WGH\wgh）】选项，单击鼠标右键，弹出的快捷菜单中选择【连接】命令，打开【连接到服务器】对话框。设置【服务器名称】为"DESKTOP-WGH"；从【身份验证】下拉列表中选择【SQL Server 身份验证】选项，输入相应的登录名和密码；勾选【记住密码】复选框，单击【连接】按钮，如图 2-14 所示，连接到服务器【DESKTOP-WGH】。

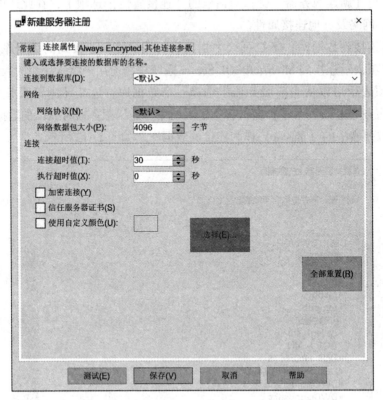

图 2-13 设置【连接属性】界面

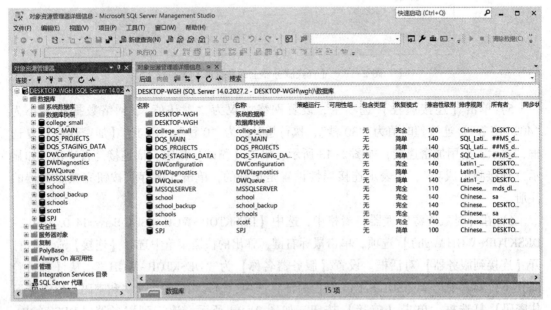

图 2-14 设置【连接到服务器】对话框

任务 2.2 创建 school 数据库

【任务描述】

创建一个 school 数据库。

【任务分析】

在创建数据库时，需要把 school 数据库的数据库文件存放在指定的位置，合理设置文件的大小及其增长属性。

【完成步骤】

（1）使用对象资源管理器创建数据库。在【Microsoft SQL Server Management Studio】窗口中，可以使用图形工具创建数据库，下面以创建"school"数据库为例，讲述数据库的创建步骤，具体的操作步骤如下：

1）从个人计算机的桌面依次选择【开始】→【所有程序】→【Microsoft SQL Server Tools 18】→【Microsoft SQL Server Management Studio 18】，弹出【连接到服务器】对话框，如图 2-15 所示。设置好【服务器类型】【服务器名称】和【身份验证】模式，以及【用户名】和【密码】，单击【连接】按钮，连接到目标服务器。

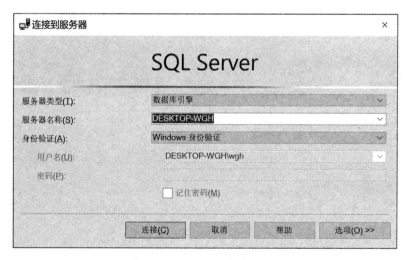

图 2-15　【连接到服务器】对话框

2）连接到目标服务器后，在【对象资源管理器】窗格中选中【数据库】选项，单击鼠标右键，在弹出的快捷菜单中选择【新建数据库】命令，如图 2-16 所示。

3）弹出【新建数据库】窗口，在该窗口中选择【选择页】窗格下的【常规】选项，在【数据库名称】文本框里输入要创建的数据库的名称"school"，如图 2-17 所示。

4）在【所有者】文本框里通过浏览服务器中的使用者来选取数据库 school 的所有者，单击【浏览】按钮后，弹出【选择数据库所有者】对话框，选择对象类型为【登录名】。

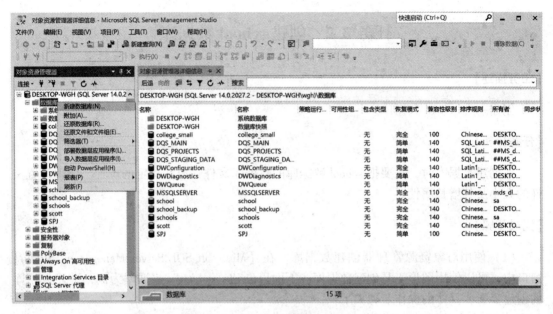

图 2-16 选择【新建数据库】界面

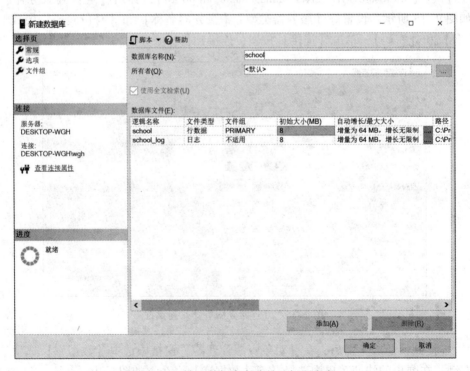

图 2-17 输入数据库名称并选择所有者

然后在【输入要选择的对象名称】区域中通过单击【浏览】按钮，弹出【查找对象】对话框，选取对象名称"sa"，单击【确定】按钮即可，如图 2-18 所示，即选取数据库 school 的所有者为"sa"。

图 2-18 【查找对象】界面

5）在【数据库文件】列表框的【逻辑名称】列输入文件名，一般情况下选择默认的名称；在【初始大小】列设置数据库初始值大小，如图 2-19 所示。

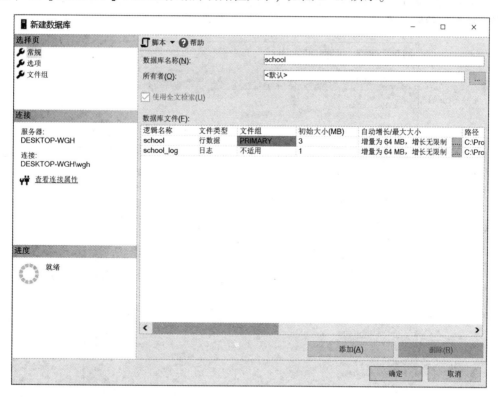

图 2-19 设置数据库文件的初始值大小

6）在【自动增长】列设置自动增长值大小（当数据文件或日志文件满时，会根据设定的初始值自动地增大文件的容量），单击【自动增长】列值后面的【更改】按钮，弹出【更改 school 的自动增长设置】对话框，在该对话框中设置数据库中文件的增长方式和增长大小，以及数据库的最大文件大小，如图 2-20 所示。

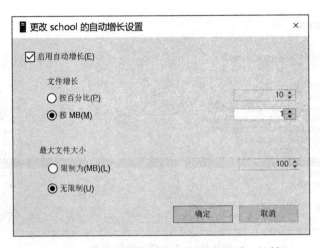

图 2-20　【更改 school 的自动增长设置】对话框

7）在【路径】列设置文件的保存路径，单击【路径】列后的【更改】按钮，弹出【定位文件夹】窗口，选择保存文件的路径，如图 2-21 所示。如不需要改变以上各列的设置，可以保持默认值。

图 2-21　【定位文件夹】窗口

8）在【新建数据库】窗口中选择【选择页】窗格下的【选项】，设置数据库的配置参数，如图 2-22 所示。

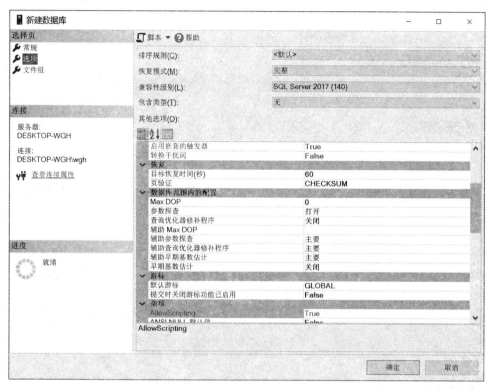

图 2-22　【选择页】下的【选项】界面

9）根据系统的要求，如果需要添加新文件组，则在【新建数据库】窗口中选择【选择页】窗格下的【文件组】选项，单击【添加】按钮，就会增加一个文件组，在【名称】列输入文件组名称，如图 2-23 所示。因为 SQL Server 2017 在没有文件组时也能有效地工作，所以许多系统不需要指定用户定义文件组。在这种情况下，所有文件都包含在主文件组中。

10）回到【常规】选项页面，用户可以创建新的数据库文件，单击【添加】按钮，在【数据库文件】列表框内就会增加一个数据库文件。在【逻辑名称】列下输入文件名称。单击【数据库文件】列表框内【文件组】列的空白处，就会出现文件组选项，如图 2-24 所示。选择新建数据文件要加入的文件组，默认值为主要文件组。其他列的设置与前面设置数据库文件的步骤相同。设置完所有属性后，单击【确定】按钮。系统开始创建数据库，创建成功后，在【对象资源管理器】的【数据库】选项中就会显示新创建的 school 数据库。

（2）使用 T_SQL 语句创建 school 数据库。

【例 2-1】将数据库的数据文件存储在 D:\data 下，数据文件的逻辑名称为"school"，文件名为"school_mdf"，初始大小为 3MB，最大容量不限制，每次增长为 1M；该数据库的日志文件逻辑名称为"school_log"，文件名为"school_log.ldf"，初始大小为 1MB，最大容量不限制，每次增长 10%。

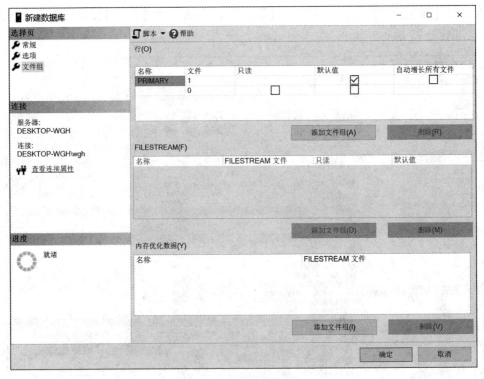

图 2-23　添加新文件组

图 2-24　添加新数据库文件

操作步骤如下：

（1）在【Microsoft SQL Server Management Studio 18】窗口中单击工具栏上的【新建查询】按钮，或选择【文件】→【新建】→【数据库引擎查询】命令，打开一个新的查询编辑器窗口。

（2）在查询编辑器窗口中输入以下 T_SQL 语句：

```
CREATE    DATABASE school
ON
( NAME =' school ',
FILENAME =' D：\ data \ myschool. mdf ',
SIZE = 3mb,
MAXSIZE = UNLIMITED,
FILEGROWTH = 1mb ），
FILEGROUP ForeignKEY
( NAME =' school2 ',
FILENAME =' D：\ data \ myschool. ndf ',
SIZE = 3mb,
MAXSIZE = UNLIMITED ,
FILEGROWTH = 1mb ）
LOG ON
( NAME =' school_log ',
    FILENAME =' D：\ data \ school_log. ldf ',
    SIZE = 1mb ,
    MAXSIZE = UNLIMITED ,
FILEGROWTH = 10% ）
```

（3）单击查询菜单中的【分析】或工具栏上的【分析】按钮，进行语法分析，保证上述语句语法的正确性。

（4）按〈F5〉键或是单击工具栏上的【执行】按钮，或者查询菜单中的【执行】命令，均可执行上述语句，最后在【消息】窗口中将显示数据仓库是否创建成功等相关信息。

注　意

在执行代码前，数据文件和日志文件所存储的目录必须存在，否则将产生错误，创建数据库失败。所命名的数据库名称必须是唯一的，否则创建数据库也将失败。

【相关知识】

T_SQL（Transact Structured Query Language）的中文理解为"SQL Server 专用标准结构化查询语言增强版"。它是一种编程语言，可以完成复杂的逻辑，也是用来让应用程序与

SQL Server 沟通的主要语言。T_SQL 提供标准 SQL 的 DDL 和 DML 功能，加上延伸的函数、系统预存程序以及程式设计结构（例如 IF 和 WHILE），让程式设计更有弹性。

使用 T_SQL 语句创建数据库可以把创建数据库的脚本保存下来，在其他机器上运行此脚本可创建相同的数据库，其语法格式如下：

```
CREATE DATABASE database_name
[  ON
   [ PRIMARY ] [ <filespec> [ , … ]
   [ , <filegroup> [ , … ]
LOG ON { <filespec> [ , … ] } ]
]
]
```

其中，

```
<filespec> :: =
{ ( NAME = logical_file_name ,
  FILENAME = {' os_file_name '}
  [ , SIZE = size ] ,
  [ , MAXSIZE = { max_size | UNLIMITED } ]
  [ , FILEGROWTH = growth_increment [ KB | MB | GB | TB | % ] ]
) [ , … ] }
<filegroup> :: =
{ FILEGROUPfilegroup_name [ DEFAULT ] <filespec> [ , … ] }
```

对以上各参数做如下说明：

（1）database_name：数据库名称，在服务器中必须唯一，并且符合标识符命名规则，最长为 128 个字符。

（2）ON：用于定义数据库的数据文件。

（3）PRIMARY：用于指定其后所定义的文件为主要数据文件，如果省略的话，系统将把第一个定义的文件作为主要数据文件。

（4）LOG ON：指明事务日志文件的明确定义。

（5）NAME：指定 SQL Server 系统应用数据文件或事务日志文件时使用的逻辑文件名。

（6）FILENAME：指定数据文件或事务日志文件的操作系统文件名称和路径，即数据库文件的物理文件名。

（7）SIZE：指定数据文件或事务日志文件的初始容量，默认单位为 MB。SQL Server 2017 中，数据文件默认大小为 3MB，事务日志文件默认大小为 1MB。

（8）MAXSIZE：指定数据文件或事务日志文件的最大容量，默认单位为 MB。如果省略 MAXSIZE，或指定为 UNLIMITED，则文件的容量可以不断增加，直到整个磁盘装满为止。

（9）FILEGROWTH：指定数据文件或事务日志文件每次增加容量的大小，当指定数据为 0 时，表示文件不增长。

（10）FILEGROUP：指定用户自定义的文件组。默认文件组为主文件组"PRIMARY"。

（11）DEFAULT：指定文件组为默认文件组。

任务 2.3　管理 school 数据库

【任务描述】

对 school 数据库进行管理操作。

【任务分析】

对数据库的管理包括重新设置数据库的文件，修改文件的大小、增长属性，以及数据库重命名等操作。

【完成步骤】

（1）打开数据库。用户登录 SQL Sever 2017 数据库服务器，连接 SQL Sever 2017 后，用户需要连接 SQL Sever 2017 数据库服务器中的一个数据库，才能使用该数据库中的数据。如果用户没有预先指定连接哪个数据库，SQL Sever 2017 数据库系统将自动替用户连上 master 系统数据库。因此，用户需要指定连接 SQL Sever 2017 数据库服务器中的具体某一个数据库或者从一个数据库切换至另一个数据库。

在 SQL Sever 2017 中可以直接通过使用【Microsoft SQL Server Management Studio】窗口来打开或切换不同的数据库，具体的操作步骤如下：

1）从个人计算机的桌面依次选择【开始】→【所有程序】→【Microsoft SQL Server Tools 18】→【SQL Server Management Studio 18】，打开【Microsoft SQL Server Management Studio】窗口，并连接到指定的目标服务器。

2）在【Microsoft SQL Server Management Studio】窗口的【对象资源管理器】窗口中展开【数据库】选项，直接选择要使用的 school 数据库，如图 2-25 所示。

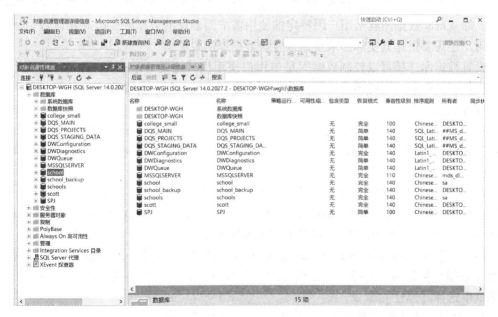

图 2-25　选择【school】数据库

3）在【Microsoft SQL Server Management Studio】窗口中，选择【新建查询】命令，打开【Microsoft SQL Server Management Studio】查询编辑器，此时可以发现当前使用的数据库为 school 数据库，而不是默认打开的 master 数据库。

4）如果用户此时要使用其他的数据库，则可以在可用数据库下拉选项中直接选择要更换的数据库，如图 2-26 所示。

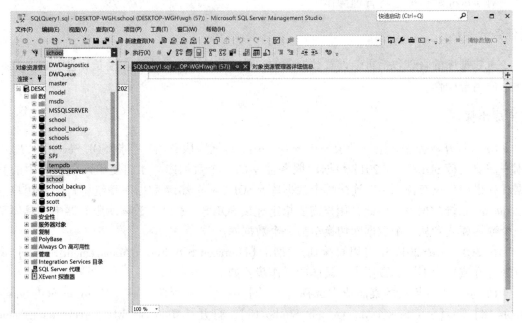

图 2-26　更换其他数据库

（2）设置数据库选项。每个新创建的数据库都是 model 数据库的副本。也就是说，所有新数据库都有一组控制其行为的标准选项，可能需要根据数据库的用途对这些选项进行修改。如 school 数据库就是用户因特定的使用需求而创建的数据库，因此在该数据库创建后，用户还需要根据其实际需求重新设置该数据库的选项。

设置数据库选项可以控制数据库是单用户使用模式还是 db_owner 模式，以及此数据库是否仅可读取等。同时还可以设置此数据库是否自动关闭、自动收缩，此外还有数据库的兼容等级选项。

在 SQL Server 2017，通过【Microsoft SQL Server Management Studio】的【对象资源管理器】窗格可以重新设置数据库的选项，重新设置数据库 school 选项的具体操作步骤如下：

1）从个人计算机的桌面依次选择【开始】→【所有程序】→【Microsoft SQL Server 2017 R2】→【SQL Server Management Studio】，打开【Microsoft SQL Server Management Studio】窗口，并连接到数据库 school 所在的目标服务器。

2）在【Microsoft SQL Server Management Studio】窗口的【对象资源管理器】窗格中展开【数据库】选项，选择要重新设置的数据库【school】，单击鼠标右键，在弹出的快捷菜单中选择【属性】命令。

3）在弹出的【数据库属性-school】窗口中选择【选择页】下的【选项】选项，在这里可以直接查看和修改数据库选项，如图 2-27 所示。

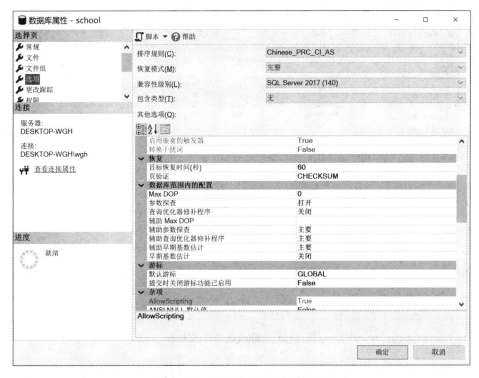

图 2-27　查看或修改数据库选项

（3）修改数据库的大小。当数据库的数据增长到要超过它的使用空间时，必须加大数据库的容量。增加数据库的容量就是给它提供额外的设备空间，而如果指派给某数据库过多的设备空间，可以通过缩减数据库容量来减少设备空间的浪费。

在【Microsoft SQL Server Management Studio】窗口的【对象资源管理器】窗格中，可以直接修改数据库的大小，具体操作步骤如下：

1）进入【Microsoft SQL Server Management Studio】窗口的【对象资源管理器】窗口中，展开【数据库】选项，选择要修改的数据库【school】，单击鼠标右键，在弹出的快捷菜单中选择【属性】命令。

2）在弹出的【数据库属性—school】窗口中选择【选择页】下的【文件】选项，在这里可以直接修改数据库的大小，如图 2-28 所示。

3）修改成功后，单击【确定】按钮，修改数据库生效。

（4）重命名数据库。通常情况下，在一个数据库的开发过程中往往需要改变数据库的名称，但是在 SQL Server 中更改数据库的名称并不像在 Windows 中那样简单，要更改名称的那个数据库很可能正被其他用户使用，所以变更数据库名称的操作必须在单用户模式下进行。

将数据库【school】更名为【student】可按以下步骤进行操作：

打开【Microsoft SQL Server Management Studio】窗口，在【对象资源管理器】窗格下，展开【数据库】选项，选择数据库【school】，单击鼠标右键，在弹出的快捷菜单中选择【属性】命令，弹出【数据库属性—school】对话框，选择【选择页】下的【选项】，在右

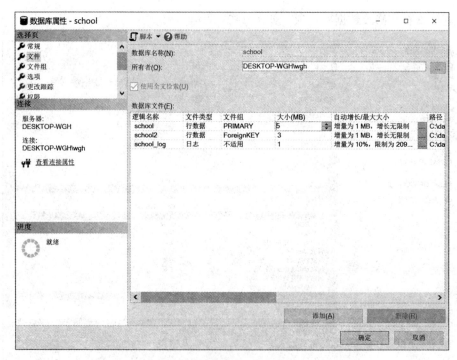

图 2-28 修改数据库的大小

窗格选取项目【状态】下的【限制访问】选项，选择【SINGLE_USER】选项，单击【确定】按钮，如图 2-29 所示。

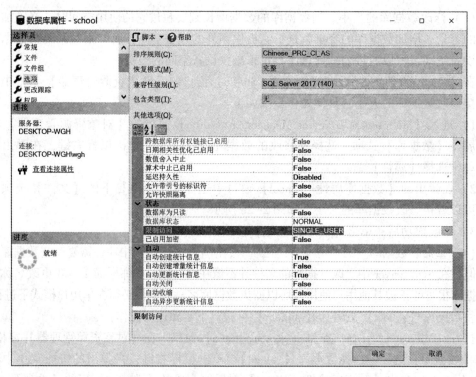

图 2-29 设置数据库为单用户模式

【例 2-2】 直接使用【Microsoft SQL Server Management Studio】查询编辑器对数据库进行重命名操作。在【Microsoft SQL Server Management Studio】查询编辑器中运行如下代码：

```
EXEC      sp_dboption     'school',       'Single User',        'TURE'
EXEC      sp_renamedb     'school',       'student',
EXEC      sp_dboption     'student',      'Single User',        'FALSE'
```

操作步骤为：单击【执行】按钮或按快捷键〈F5〉，执行该 SQL 语句，即可完成对数据库的重命名操作。

（5）增加辅助数据文件与务日志文件。如果数据文件已经将磁盘占满，则可能需要在另一个磁盘上添加辅助数据文件。

给 school 数据库添加一个辅助数据文件，其操作过程如下：

1）打开【Microsoft SQL Server Management Studio】窗口，在【对象资源管理器】窗格下，展开【数据库】选项，选择数据库【school】，单击鼠标右键，在弹出的快捷菜单中选择【属性】命令。

2）在【选择页】中选择【文件】，单击【数据库文件】列表框底部的【添加】按钮，即可将给该列表添加第 4 行。

3）在第 4 行的【逻辑名称】列中输入新创建的辅助数据文件名"school_data"，其余字段将自动填入，如图 2-30 所示。

图 2-30　添加数据库文件

4）单击【添加】按钮，添加第 5 行。

5）在这个新添加的第 5 行的【逻辑名称】列中输入新创建的日志文件名为 "school_Log2"，并将【文件类型】列改为 "日志"。

6）单击【确定】按钮，完成添加辅助数据文件和日志文件的操作。

（6）删除数据库。当不再需要某一数据库时，可以将其删除，但是系统数据库不能删除。删除数据库前，最好备份下 master 系统数据库，因为删除操作会更改 master 数据库的内容。

用户可以使用【Microsoft SQL Server Management Studio】非常方便地删除数据库，使用【Microsoft SQL Server Management Studio】删除数据库的具体操作步骤如下：

1）打开【Microsoft SQL Server Management Studio】窗口，在【对象资源管理器】窗格下，展开【数据库】选项，选取要删除的数据库【student】，单击鼠标右键，在弹出的快捷菜单中选择【删除】命令。

2）弹出【删除对象】窗口，确认是否为目标数据库，并通过选择复选框决定是否要删除备份及关闭已存在的数据库连接。

3）单击【确定】按钮，完成数据库删除操作。

【相关知识】

2.3.1 系统数据库

安装 SQL Server 2017 时，系统自动创建了 master、model、msdb、tempdb 等数据库系统，这些数据库中记录了一些 SQL Server 2017 必需的信息，用户不能直接对其进行修改，也不能在系统数据库的表上定义触发器。为了避免初学者对系统数据库的误操作，可以将系统数据库隐藏起来。

若要隐藏【Microsoft SQL Server Management Studio】中的系统数据库，可以按以下步骤操作：

（1）在【Microsoft SQL Server Management Studio】窗口中选择【工具】→【选项】命令。

（2）弹出【选项】对话框，在左侧窗格中选择【环境】→【启动】命令，并在右侧的对话框中选中【在对象资源管理器中隐藏系统对象】复选框，如图 2-31 所示，单击【确定】按钮。

（3）出现警告对话框，提示 "必须重新启动 Microsoft SQL Server Management Studio，才能使对环境所做的更改生效"，如图 2-32 所示，单击【确定】按钮。

（4）关闭并重新启动 Microsof SQL Server Management Studio，此时系统数据库已被隐藏。

下面对系统自动创建的数据进行简要介绍：

（1）master 数据库。master 数据库是 SQL Server 2017 中的总控数据库，该数据库保存了用于 SQL Server 2017 管理的许多系统级信息，包括登录账户信息、所有的系统配置设置信息、其他数据库的存储信息和 SQL Server 2017 的初始化信息。一旦 master 数据库被破坏，将无法启动 SQL Server 2017 系统。Master 数据库始终有一个可用的最新数据库备份。

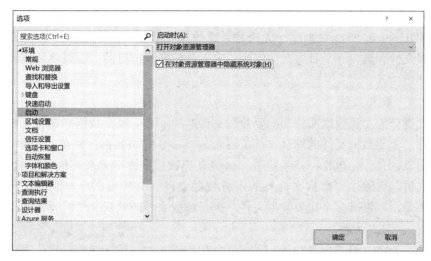

图 2-31　勾选【在对象资源管理器中隐藏系统对象】复选框

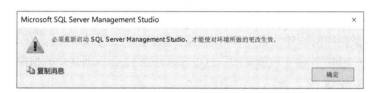

图 2-32　警告提示界面

（2）model 数据库。model 数据库是所有数据库的一个模板，当使用 CREATE DATA-BASE 语句时，新数据库的最初部分是复制 model 数据库的内容，剩下的部分以空页面填充。因此，如果更改了 model 数据库，所有创建的数据库也会随之更改。

（3）msdb 数据库。msdb 数据库供 SQL Server 2017 数据库系统代理程序调度警报作业以及记录操作时使用。当很多用户在使用同一个数据库时，经常会出现多个用户对同一个数据的修改而造成数据不一致的现象，或是用户对某些数据和对象的非法操作等。为了防止上述现象，SQL Server 2017 数据库系统中有一套代理程序能够按照系统管理员的设定监控上述现象，若上述现象发生，则会及时向系统管理员发出警报。代理程序调度警报作业、记录操作时，系统要用到或实时产生许多相关信息，这些信息一般存储在 msdb 数据库中。

（4）tempdb 数据库。tempdb 数据库是数据库实例的全局资源，用来保存所有的临时表和临时存储过程，也保存一些 SQL Server 2017 数据库系统产生的临时结果。它在 SQL Server 2017 数据库系统重新启动时会重建一个新的空数据库。

2.3.2　数据库的文件组成

在 SQL Server 2017 中用于数据存储的实用工具是数据库。数据库的物理表现是操作系统文件，即在物理上一个数据库由一个或多个磁盘上的文件组成。这种物理表现只对数据库管理员可见，而对用户是透明的。逻辑上，一个数据库由若干个用户可视的组件构成，如表、视图、角色等，这些组件称为数据库对象。用户可以利用这些逻辑数据库的数据库对象存储或读取数据库中的数据，也可以直接或间接地利用这些对象在不同应用程序中完成存储、操作和检索等工作。逻辑数据库的数据库对象可以从企业管理器中查看。

每个 SQL Server 2017 数据库（无论是系统数据库还是用户数据库）在物理上都由至少一个数据文件和至少一个日志文件组成。出于分配和管理目的，可以将数据库文件分成不同的文件组。

2.3.2.1　数据文件

数据文件分为主要数据文件和次要数据文件两种形式。每个数据库都有且只有一个主要数据文件。主要数据文件的默认文件扩展名是 .mdf。它将数据存储在表和索引中，包含数据库的启动信息，还包含一些系统表，这些表记载数据库对象及其他文件的位置信息。次要数据文件包含除主要数据文件外的所有数据文件。有些数据库可能没有次要数据文件，而有些数据库则有多个次要数据文件。次要数据文件的默认文件扩展名是 ".ndf"。

2.3.2.2　日志文件

SQL Server 2017 具有事务功能，以保证数据库操作的一致性和完整性。事务是指一个单元的工作，该单元的工作要么全部完成，要么全部不完成。日志文件用来记录数据库中已发生的所有修改和执行每次修改的事务。SQL Server 2017 是遵守先写日志再执行数据库修改的数据库系统，因此如果出现数据库系统崩溃的情况，数据库管理员（DBA）可以通过日志文件完成数据库的修复与重建。每个数据库必须至少有一个日志文件。日志文件的默认文件扩展名是 ".ldf"。建立数据库时，SQL Server 2017 会自动建立数据库的日志文件。

2.3.2.3　文件组

一些系统可以通过控制在特定磁盘驱动器上放置的数据和索引来提高自身的性能，文件组可以对此进程提供帮助。系统管理员可以为每个磁盘驱动器创建文件组，然后将特定的表、索引、或表中的 text、ntext 或 image 数据指派给特定的文件组。

SQL Server 2017 有两种类型的文件组，分别为主文件组和用户定义文件组。主文件组包含主要数据文件和任何没有明确指派给其他文件组的文件，系统表的所有页均分配在主文件组中；用户定义文件组是在 CREATE DATABASE 或 ALTER DATABASE 语句中，使用 FILEGROUP 关键字指定的文件组。SQL Server 2017 在没有文件组时也能有效地工作，因此，许多系统不需要指定用户定义文件组。在这种情况下，所有文件都包含在主文件组中，而且 SQL Server 2017 可以在数据库内的任何位置分配数据。

每个数据库中都有一个文件组作为默认文件组运行，一次只能有一个文件组作为默认文件组。如果没有指定默认的文件组，主文件组则成为默认文件组。

任务 2.4　school 数据库的分离和附加

【任务描述】

对 school 数据库执行分离和附加是转移数据库的一种手段。

【任务分析】

数据库分离后可以将数据库文件移走，以实现数据库数据的转移。同样，也可以通过数据库的附加导入数据库。

【完成步骤】

（1）利用 SQL Server Management Studio 分离与附加用户数据库。具体操作步骤如下：

1）分离用户数据库。在【Microsof SQL Server Management Studio】窗口的【对象资源管理器】窗格中选择要分离的数据库【school】，单击鼠标右键，在弹出的快捷菜单中选择【任务】→【分离】命令，打开【分离数据库】窗口。在【分离数据库】窗口中，【要分离的数据库】列表框中的【数据库名称】列中显示了所选数据库的名称。如果有用户和该数据库连接，可以选中【删除连接】选项，如图 2-33 所示。设置完毕后，单击【确定】按钮。

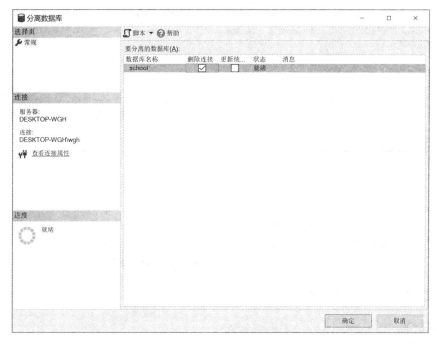

图 2-33　分离数据库

2）附加用户数据库。在【Microsof SQL Server Management Studio】窗口的【对象资源管理器】窗格中选择数据库实例下的【数据库】选项，单击鼠标右键，在弹出的快捷菜单中选择【附加】命令，打开【附加数据库】窗口。

在【附加数据库】窗口中，单击【添加】按钮，打开【定位数据库文件】对话框。

在【定位数据库文件】对话框中，选择数据库文件所在的磁盘驱动器，并展开目录树定位到数据库的 .mdf 文件。选中该文件，如图 2-34 所示，单击【确定】按钮。附加数据库完成后，就可以在【Microsof SQL Server Management Studio】的控制台目录窗口中展开【数据库】，用户就可以看到新附加的数据库。

（2）利用系统存储过程分离与附加用户数据库。其中：

1）分离数据库语句格式如下：

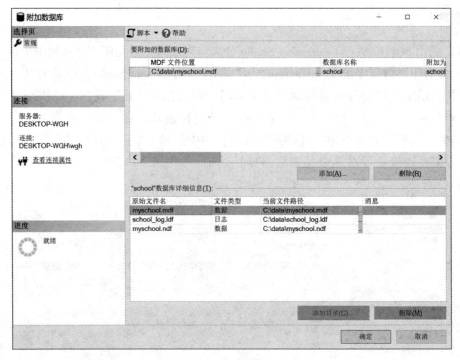

图 2-34 【附加数据库】窗口

sp_detach_db
　　　　［@ dbname =］' database_name '
　　　　［, ［@ skipchecks =］' skipchecks '］
　　　　［, ［@ keepfulltextindexfile =］ ' KeepFulltextindexFile '

2）附加数据库语法格式如下：

sp_attach_db
　　　　［@ dbname =］' dbname ',
　　　　［@ filename1 =］' filename_n' ［, …, 16］

【例 2-3】分离用户数据库 school。
　其分离数据库语句格式如下：

EXEC sp_detach_db @ dbname ='school '
GO

【例 2-4】附加用户数据库 school。
　其附加数据库语句格式如下：

EXEC sp_attach_db　@ dbname ='school '
GO

【项目总结】

本项目主要讲述了 SQL Server 2017 数据库的创建和维护，以及通过数据库的分离和附加转移数据库的方法。

项目实训 2

实训指导　BookShop 数据库的创建与管理

【实训目标】

（1）熟悉 Microsoft SQL Server Management Studio 工具。

（2）掌握用 Microsoft SQL Server Management Studio 和 T_SQL 语句两种方式创建数据库。

（3）掌握用 Microsoft SQL Server Management Studio 和 T_SQL 语句两种方式管理数据库。

【实训环境】

本地计算机上已成功安装 SQL Server 2017 数据库。

【实训内容】

（1）分别使用 Microsoft SQL Server Management Studio 和 T_SQL 语句两种方式创建 BookShop 数据库。

（2）分别使用 Microsoft SQL Server Management Studio 和 T_SQL 语句两种方式修改 BookShop 数据库。

（3）分别使用 Microsoft SQL Server Management Studio 和 T_SQL 语句两种方式删除 "BookShop1. ndf" 和 "BookShop_log. ldf" 两个文件。

（4）分别使用 Microsoft SQL Server Management Studio 和 T_SQL 语句两种方式分离和附加数据库 BookShop。

（5）分别使用 Microsoft SQL Server Management Studio 和 T_SQL 语句两种方式重命名 BookShop 为 "网上书店"。

（6）分别使用 Microsoft SQL Server Management Studio 和 T_SQL 语句两种方式，查看 BookShop 数据库的信息。

注　意

为了保证能将 BookShop 数据库存放在指定的文件夹中，必须首先创建好文件夹 "D：\ BookShop"，否则会出现错误提示。

项目3 数据库表的管理

【学习目标】

（1）理解数据完整性、主键和外键的概念及其在数据库表中的应用；

（2）掌握建立数据库表的方法，熟悉基本的数据类型；

（3）掌握查看数据库表的信息、修改和删除数据的方法；

（4）掌握查看数据库表的依赖关系的方法；

（5）掌握添加、修改和删除表中数据的方法；

（6）掌握数据库不同格式文件的导入与导出操作。

【技能目标】

（1）能够根据需求实现表的设计，并能合理设置约束；

（2）能简单操作表中的数据。

任务3.1 学生管理系统表的创建与维护

【任务描述】

某学校的学生管理系统用来完成日常的学生管理工作，包括学生的基本信息、教师的基本信息、课程信息及成绩信息等。学生可以维护自己的信息，也可以查看选修的课程信息及其成绩；教师可以维护信息及录入成绩。

【任务分析】

创建数据表可以利用 SQL Server Management Studio 中的表设计器创建表结构。表设计器是 SQL Server 2017 提供的可视化创建标的一种工具，其主要功能是列管理。使用者可以使用表设计器完成对表多包含列的管理工作，包括：创建、删除列，修改数据类型、长度，设置约束等。由上述案例分析得到下面 4 个表的结构设计，考虑到数据的完整性问题，其中设计了主键、外键、CHECK 等约束。

（1）学生表的结构设计见表 3-1。

表 3-1 学生表的结构设计

序号	列 名	数据类型	允许空值	约 束
1	学号	char（10）	不能为空	主键
2	姓名	char（8）	不能为空	——

序号	列 名	数据类型	允许空值	约 束
3	性别	char（4）	不能为空	默认值为"男"
4	出生日期	date	—	—
5	班级	varchar（20）	—	—

（2）教师表的结构设计见表 3-2。

表 3-2 教师表的结构设计

序号	列 名	数据类型	允许空值	约 束
1	工号	char（8）	不能为空	主键
2	姓名	char（8）	不能为空	—
3	性别	char（4）	不能为空	默认值为"女"
4	学历	varchar（20）	—	只能为"专科""本科""硕士研究生""博士研究生"
5	部门	varchar（20）	—	—
6	职称	varchar（20）	—	只能为"助理讲师""讲师""副教授""教授"

（3）课程表结构设计见表 3-3。

表 3-3 课程表的结构设计

序号	列 名	数据类型	允许空值	约 束
1	课程号	int	不能为空	主键
2	课程名	varchar（40）	不能为空	唯一约束
3	学时	int	—	32~128
4	学分	decimal（3, 1）	—	1.0~8.0
5	工号	char（8）	—	教师表工号的外键

（4）成绩表的结构设计见表 3-4。

表 3-4 成绩表的结构设计

序号	列 名	数据类型	允许空值	约 束
1	课程号	int	不能为空	主键（课程号，学号），课程号是课程表课程号的外键，学号是学生表学号的外键
2	学号	char(8)	不能为空	
3	成绩	tinyint	—	1~100

【完成步骤】

（1）利用对象资源管理器创建表。具体操作步骤如下：

1）启动 SQL Server Management Studio，连接到 SQL Server 2017 数据库实例。

2）展开 SQL Server 实例，选择【数据库】→【school】→【表】，单击鼠标右键，从弹出的快捷菜单中选择【新建表】命令，打开【表设计器】。

3）在【表设计器】中，参照学生表结构定义各列的名称、数据类型、长度、是否允许为空等属性。

4）选中【学号】字段，单击鼠标右键，在弹出的快捷菜单中选中【设置主键】，完成主键约束的设置。

5）选中【性别】字段，在列属性中找到【默认值或绑定】，输入"男"，完成默认约束的设置，如图 3-1 所示。

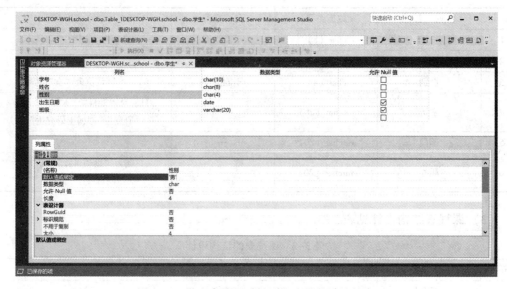

图 3-1　学生表设置【性别】字段的默认约束

6）执行【文件】菜单下的【保存】命令或单击工具栏上的【保存】按钮，在打开的对话框中输入表名"学生"，学生表信息会出现在【对象资源管理器中】。

（2）利用 T_SQL 语句创建表。在【Microsoft SQL Server Management Studio】中，单击标准工具栏的【新建查询】按钮，启动 SQL 编辑器窗口，在光标处输入 T_SQL 语句，单击【执行】按钮。SQL 编辑器就提交用户输入的 T_SQL 语句，然后发送到服务器执行，并返回执行结果。

使用 T_SQL 创建表的语法格式如下：

```
CREATE TABLE [ database_name . [ schema_name ] . | schema_name . ] table_name
(
{ column_name <data_type>
[ null | not null ]
[ <column_constraint> [ , … n ] ] } [ , <table_constraint> ] [ , … n ]
)
```

CREATE TABLE 语句的参数及说明如下：

1）database_name：创建表的数据库的名称。database_name 必须指定现有数据库的名称。如果未指定，则 database_name 默认为当前数据库。

2）schema_name：新表所属架构的名称。

3）table_name：新表的名称。表名必须遵循标识符规则。除了本地临时表名（以单个数字符号（#）为前缀的名称）不能超过 116 个字符外，table_name 最多可包含 128 个字符。

4）column_name：表中列的名称。列名必须遵循标识符命名规则并且在表中是唯一的。

5）<column_constraint>：在列级上定义的约束。

6）<table_constraint>：在表上定义的约束。

【例 3-1】在 school 数据库中创建学生表。

其创建学生表的语法格式如下：

```
CREATE TABLE 学生（
    学号 char（10）NOT NULL PRIMARY KEY,
    姓名 char（8）NOT NULL,
    性别 char（4）NOT NULL DEFAULT '男',
    出生日期 date NULL,
    班级 varchar（20）NULL)
```

【例 3-2】在 school 数据库中创建教师表。

其创建教师表的语法格式如下：

```
CREATE TABLE    教师（
    工号 char（8）    NOT NULL PRIMARY KEY,
    姓名 char（8）    NOT NULL,
    性别 char（4）    NOT NULL DEFAULT '女',
    学历 varchar（20）    CHECK（［学历］='专科' OR［学历］='本科' OR［学历］='硕士研究生'
OR［学历］='博士研究生'),
    部门 varchar（20），
    职称 varchar（20）    CHECK（［职称］='助理讲师' OR［职称］='讲师' OR［职称］='副教授'
OR［职称］='教授'))
```

【例 3-3】在 school 数据库中创建课程表。

其创建课程表的语法格式如下：

```
CREATE TABLE    课程（
    课程号 int NOT NULL PRIMARY KEY,
    课程名 varchar（40）NOT NULL UNIQUE,
    学时 int CHECK（学时>=36 AND 学时<=128),
    学分 decimal（3,1）CHECK（学分>=1.0 AND 学分<=8.0),
    工号 char（8）FOREIGN KEY REFERENCES 教师（工号))
```

【例 3-4】在 school 数据库中创建成绩表。

其创建成绩表的语法格式如下：

```
CREATE TABLE    成绩 (
    课程号  int FOREIGN  KEY  REFERENCES 课程（课程号），
    学号   char（10）FOREIGN  KEY  REFERENCES 学生（学号），
    成绩   tinyint  CHECK（成绩>=1 AND 成绩<=100），
    primary key（课程号，学号））
```

【相关知识】

学生管理系统在运行一段时间之后，会对反馈回来的意见进行整理并提出解决方案以完善功能。此时可以使用 SQL Server Management Studio 完成表的修改，也可以使用 T_SQL 语句来解决此问题。

利用 SQL Server Management Studio 管理数据表更改数据表结构的步骤如下：

（1）启动 SQL Server Management Studio，连接到 SQL Server 2017 数据库实例。

（2）展开 SQL Server 实例，选择【数据库】→【school】→【表】→【学生】，单击鼠标右键，然后从弹出的快捷菜单中选择【设计】命令，打开【表设计器】。

（3）在【表设计器】中，可以查看表结构，可以增加、删除列，可以修改数据类型、长度及是否为空属性，可以修改列的约束定义。

（4）完成修改操作后，单击工具栏上的【保存】按钮，保存对表结构的修改。使用 T_SQL语句更改数据表结构的语法格式如下：

```
ALTER TABLE <表名>
（［ALTER column〈列名〉  列定义］
    ｜［ADD 列名   数据类型   约束［,…,n］］
    ｜［DROP COLUMN 列名［,…,n］］
    ｜［ADD CONSTRAINT 约束名 约束［,…,n］］
    ｜［DROP CONSTRAINT 约束名 约束［,…,n］］
）
```

参数说明如下：

1）ALTER column：修改列的定义子句。

2）ADD 列名：增加新列子句。

3）DROP COLUMN：删除列子句。

4）ADD CONSTRAINT：增加约束子句。

5）DROP CONSTRAINT：删除约束子句。

【例 3-5】在学生表中增加一列，列名为住址，数据类型及长度为 varchar（20），允许为空。

其语法格式如下：

```
ALTER TABLE 学生
Add 住址 Varchar（20）NULL
```

【例 3-6】删除学生表中的数据列地址。

其语法格式如下：

ALTER TABLE　学生
DROP COLUMN　住址

3.1.1　数据类型

在创建表时，必须为表中的每列指派一种数据类型。下面介绍 SQL Server 最常用的一些数据类型。

3.1.1.1　字符数据类型

字符数据类型包括 char、nchar、varchar、nvarchar、text 和 ntext，这些数据类型用于存储字符数据。Varchar 和 char 类型的主要区别是数据填充方式不同，如果有一表列名为"name"，且数据类型为"varchar(10)"，同时将值"Alexia"存储到该列中，则物理上只存储 6 个字节。但如果在数据类型为"char(10)"的列中存储相同的值，将使用全部 10 个字节。SQL 将插入拖尾空格来填满 10 个字符。

如果要节省空间，还使用 char 数据类型的原因是使用 varchar 数据类型会稍增加一些系统开销。例如，如果要存储两字母形式的州名缩写，则最好使用 char(2) 列。尽管有些 DBA 认为应最大可能地节省空间，但一般来说，好的做法是在组织中找到一个合适的阈值，并指定低于该值的采用 char 数据类型，反之则采用 varchar 数据类型。通常的原则是，任何小于或等于 5 个字节的列应存储为 char 数据类型，而不是 varchar 数据类型。如果超过 5 个字节，使用 varchar 数据类型的好处将超过其额外开销。

Nvarchar 数据类型和 nchar 数据类型的工作方式与对等的 varchar 数据类型和 char 数据类型相同，但这两种数据类型可以处理国际性的 Unicode 字符，它们需要一些额外开销。以 Unicode 形式存储的数据为一个字符占 2 个字节。如果要将值 Brian 存储到 nvarchar 列，它将使用 10 个字节；而如果将它存储为 nchar(20)，则需要使用 40 个字节。由于这些额外开销和增加的空间，应该避免使用 Unicode 列，除非确实有需要使用它们的业务或语言。

Text 数据类型用于在数据页内外存储大型字符数据。应尽可能地少使用这两种数据类型，因为可能影响性能，但可在单行的列中存储多达 2GB 的数据。与 text 数据类型相比，更好的选择是使用 varchar(max) 类型，因为使用此种类型将获得更好的性能。另外，text 和 ntext 数据类型在 SQL Server 的一些未来版本中将不可用，因此现在开始还是最好还是使用 varchar(max) 和 nvarchar(max) 数据类型，而不是 text 和 ntext 数据类型。表 3-5 列出了这些数据类型，并对其做了简单描述，说明了要求的存储空间。

表 3-5　字符数据类型

数据类型	描　　　述	存储空间
char(n)	n 为 1~8000 的长字符	n 字节
nchar(n)	n 为 1~4000 Unicode 的定长字符	(2n 字节)+2 字节额外开销
ntext	最多为 $2^{30}-1$（1073741823）Unicode 的定长字符	每字符 2 字节
nvarchar(max)	最多为 $2^{30}-1$（1073741823）Unicode 编码的变长字符	2×字符数+2 字节额外开销
text	最多为 $2^{31}-1$（2147483647）字符大型字符数据	每字符 1 字节

数据类型	描　述	存储空间
varchar(n)	n 为 1~8000 的变长字符	每字符 1 字节+2 字节额外开销
varchar(max)	最多为 $2^{31}-1$（214748647）字符的变长字符	每字符 1 字节+2 字节额外开销

3.1.1.2　数值数据类型

数值数据类型包括 bit、tinyint、smallint、int、bigint、numeric、decimal、money、float 和 real。这些数据类型都用于存储不同类型的数字值。第一种数据类型 bit 只存储 0 或 1，在大多数应用程序中被转换为 true 或 false。bit 数据类型非常适合用于开关标记，且它只占据一个字节空间。常见的数值数据类型见表 3-6。

表 3-6　数值数据类型

数据类型	描　述	存储空间
bit	0、1 或 Null	1 字节（8 位）
tinyint	0~255 的整数	1 字节
smallint	-32768~32767 的整数	2 字节
int	-2147483648~2147483647 的整数	4 字节
bigint	-9223372036854775808~9223372036854775807 的整数	8 字节
numeric(p, s) 或 decimal(p, s)	$-10^{38}+1$~$10^{38}-1$ 的数值	最多 17 字节
money	-922337203685477.5808~922337203685477.5807	8 字节
smallmoney	-214748.3648~214748.3647	4 字节

如 decimal 和 numeric 等数值数据类型可存储小数点右边或左边的变长位数。scale 是小数点右边的位数。精度（Precision）定义了总位数，包括小数点右边的位数。例如，由于 14.88531 可为 numeric(7, 5) 或 decimal(7, 5)，如果将 14.25 插入到 numeric(5, 1) 列中，它将被四舍五入为 14.3。

3.1.1.3　近似数值数据类型

近似数值数据类型包括 float 和 real，它们可用于表示浮点数据。但是，由于它们是近似的，因此不能精确地表示所有值。

float(n) 中的 n 是用于存储该数尾数（mantissa）的位数。SQL Server 对此只使用两个值，如果指定位于 1~24，SQL 就使用 24；如果指定位于 25~53，SQL 就使用 53。当指定 float() 时（括号中为空），默认为 53。表 3-7 列出了近似数值数据类型，并对其进行简单描述，说明了要求的存储空间。

表 3-7　近似数值数据类型

数据类型	描　述	存储空间
float[(n)]	-1.79E+308~-2.23E-308，0，2.23E-308~1.79E+308	n<=24-4 字节 n> 24-8 字节
real()	-3.40E+38~-1.18E-38，0，1.18E-38~3.40E+38	4 字节

注：real 的同义词为 float(24)。

3.1.1.4 二进制数据类型

varbinary、binary、varbinary（max）或 image 等二进制数据类型用于存储二进制数据，如图形文件、Word 文档或 MP3 文件。其值为十六进制的 0x0~0xf。image 数据类型可在数据页外部存储最多 2GB 的文件。image 数据类型的首选替代数据类型是 varbinary（max），可保存最多 8KB 的二进制数据，其性能通常比 image 数据类型好。SQL Server 2017 的新功能是可以在操作系统文件中通过 FileStream 存储选项存储 varbinary（max）对象。这个选项将数据存储为文件，同时不受 varbinary（max）的 2GB 大小的限制。表 3-8 列出了二进制数据类型，并对其做了简单描述，说明了要求的存储空间。

表 3-8　二进制数据类型

数据类型	描　　述	存储空间
binary（n）	N 为 1~8000 十六进制数字之间	n 字节
image	最多为 $2^{31}-1$（2147483647）十六进制数位	每字符 1 字节
varbinary（n）	N 为 1~8000 十六进制数字之间	每字符 1 字节+2 字节额外开销
varbinary（max）	最多为 $2^{31}-1$（2147483647）十六进制数字	每字符 1 字节+2 字节额外开销

3.1.1.5 日期和时间数据类型

datetime 和 smalldatetime 数据类型用于存储日期和时间数据。smalldatetime 为 4 字节，存储 1900 年 1 月 1 日~2079 年 6 月 6 日之间的时间，且只精确到最近的分钟；datetime 数据类型为 8 字节，存储 1753 年 1 月 1 日~9999 年 12 月 31 日之间的时间，且精确到最近的 3.33ms。

SQL Server 2017 有 4 种与日期相关的新数据类型，分别为 datetime2、dateoffset、date 和 time。通过 SQL Server 联机丛书可找到使用这些数据类型的示例。

datetime2 数据类型是 datetime 数据类型的扩展，有着更广的日期范围。时间总是用时、分钟、秒形式来存储，可以定义末尾带有可变参数的 datetime2 数据类型。比如 date-time2（3），这个表达式中的 "3" 表示存储时秒的小数精度为 3 位，或 0.999。有效值为 0~9，默认值为 3。

datetimeoffset 数据类型和 datetime2 数据类型一样，带有时区偏移量。该时区偏移量最大为+14 小时，包含了 UTC 偏移量，因此可以合理化不同时区捕捉的时间。

date 数据类型只存储日期，这是一直需要的一个功能。而 time 数据类型只存储时间，它也支持 time（n）声明，因此可以控制小数秒的粒度。与 datetime2 和 datetimeoffset 一样，n 可为 0~7。表 3-9 列出了日期和时间数据类型，并对其进行简单描述，说明了要求的存储空间。

表 3-9　日期和时间数据类型

数据类型	描　　述	存储空间/字节
Date	9999 年 1 月 1 日~12 月 31 日	3
datetime	1753 年 1 月 1 日~9999 年 12 月 31 日，精确到最近的 3.33ms	8
datetime2（n）	9999 年 1 月 1 日~12 月 31 日，n 为 0~7 之间的指定小数秒	6~8

数据类型	描 述	存储空间/字节
datetimeoffset(n)	9999 年 1 月 1 日~12 月 31 日，n 为 0~7 之间的指定小数秒±偏移量	8~10
smalldatetime	1900 年 1 月 1 日~2079 年 6 月 6 日，精确到最近的分钟	4
time(n)	小时：分钟：秒.9999999 n 为 0~7 之间的指定小数秒	3~5

3.1.1.6 CLR 集成（自定义数据类型）

在 SQL Server 2017 中，还可创建自己的数据类型和存储过程，以满足业务需求。

即使创建自定义数据类型，也必须基于一种标准的 SQL Server 数据类型。例如，可以使用如下语法创建一种自定义数据类型 phone：

```
CREATE TYPE phone
FROM varchar（20）NOT NULL
```

> **说　明**
>
> 在转换为与当前数据不兼容的数据类型时，可能丢失重要数据。例如，如果要将包含一些数据（如 14.678）的 decimal 数据类型转换为 integer 数据类型，那么 14.68 这个数据将四舍五入为整数。

3.1.2 数据完整性

在 SQL Server 2017 中，数据库表是数据库中比较重要的一个数据库对象，其他的数据库对象都是围绕着数据库中的表操作的，如视图、存储过程等都是为了更好、更有效地管理和使用表中的数据而存在的。在创建表时应该注意以下几个和表相关的概念：

（1）实体完整性。实体完整性（Entity Integrity）是指表中行的完整性，主要用于保证操作的数据（记录）非空、唯一且不重复。即实体完整性要求每个关系（表）有且仅有一个主键，每一个主键值必须唯一，而且不允许为空（NULL）或重复。

（2）域完整性。域完整性（Domain Integrity）是指数据库表中的列必须满足某种特定的数据类型或约束。其中约束又包括取值范围、精度等规定。数据库表中的 CHECK、FOREIGN KEY 约束和 DEFAULT、NOT NULL 定义都属于域完整性的范畴。

（3）参照完整性。参照完整性（Referential Integrity）属于表间规则。对于永久关系的相关表，在更新、插入或删除记录时，如果只改其一，就会影响数据的完整性。如删除父表的某记录后，子表的相应记录未删除，致使这些记录称为孤立记录。对于更新、插入或删除表间数据的完整性，统称为参照完整性。通常，在客观现实中的实体之间存在一定联系，在关系模型中实体及实体间的联系都是以关系进行描述的，因此，操作时就可能存在着关系与关系间的关联和引用。

（4）用户定义完整性。用户定义完整性（User-defined Integrity）是对数据表中字段属性的约束，用户定义完整性规则也称域完整性规则，包括字段的值域、字段的类型和字段的有效规则（如小数位数）等约束，其是由确定关系结构时所定义的字段的属性决定的。如百分制成绩的取值范围为 0~100 等。

3.1.3 约束

为了更好地实现数据完整性，SQL Server 中有五种约束类型，分别是 PRIMARY KEY 约束、FOREIGN KEY 约束、DEFAULT 约束、CHECK 约束和 UNIQUE 约束。

3.1.3.1 PRIMARY KEY 约束

在表中常有一列或多列的组合，其值能唯一标识表中的每一行。这样的一列或多列成为表的主键（Primary Key）。一个表只能有一个主键，而且主键约束中的列不能为空值。

3.1.3.2 FOREIGN KEY 约束

外键（Foreign Key）是用于建立和加强两个表（主表与从表）的一列或多列数据之间的连接的。创建约束的顺序是先定义主表的主键，再定义从表的外键约束。

3.1.3.3 DEFAULT 约束

使用 DEFAULT 约束时，如果用户在插入新行是没有显示为列提供数据，系统会将默认值赋给该列。例如，在一个表的【性别】列中定义默认约束为"男"，则可以让数据库服务器在用户没有输入时填上"男"。默认值约束所提供的默认值约束所提供的默认值可以为常量、函数、空值（NULL）等。

3.1.3.4 CHECK 约束

CHECK 约束的主要作用是限制输入到一列或多列中的可能值，从而保证 SQL Server 数据库中数据的域完整性。例如，可以在教师表中的学历字段设置值的范围是"专科""本科""硕士研究生""博士研究生"，那么在录入值的时候，此字段只能在此范围内取值。

3.1.3.5 UNIQUE 约束

该约束应用于表中的非主键列，UNIQUE 约束保证一列或者多列的实体完整性，确保这些列不会输入重复的值。例如，表中【学号】列为主键，但是其中还包括【身份证号码】列，由于所有身份证号码不可能出现重复现象，所以可以在此列上建立 UNIQUE 约束，确保不会输入重复的身份证号码。与 PRIMARY KEY 约束的不同之处在于，UNIQUE 约束可以建立多个，并且可以允许出现一次空值，而 PRIMARY KEY 约束在一个表中只能有一个，并且不允许有空值出现。

任务3.2 查看表中约束设置并形成关系数据图

【任务描述】

数据表创建后，用户可以查看表的定义信息，包括字段名、数据类型、长度以及约束等。通过对表结构的了解，更好地完成数据管理。

【任务分析】

本任务主要是考察对已建表的了解。

【完成步骤】

（1）利用对象资源管理器查看表的属性。具体操作步骤如下：

1）启动 SQL Server Management Studio，连接到 SQL Server 2017 数据库实例。

2）展开 SQL Server 2017 数据库实例，选择【数据库】→【school】→【表】→【学生】，单击鼠标右键，然后从弹出的快捷菜单中选择【属性】命令，打开【表属性—学生】窗口，如图3-2所示。在该窗口中我们可以看到表的常规属性，如表的简要说明，即创建日期、架构、名称、系统对象等。

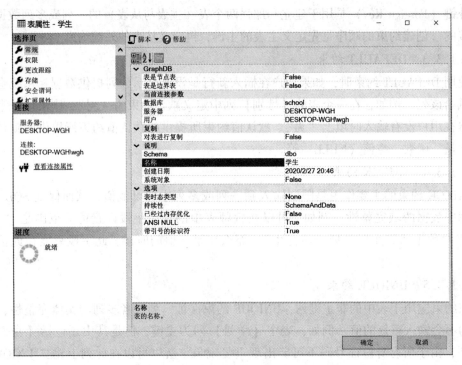

图 3-2　【表属性—学生】窗口

（2）查看学生表的表结构、约束、索引等信息。展开【学生】中的【列】【键】【约束】【触发器】【索引】【统计信息】等对象，即可看到相关信息，如图3-3所示。

利用关系图，查看表之间的关系。具体操作步骤如下：

1）展开 school 数据库，选择【数据库关系图】，单击鼠标右键，在弹出的快捷菜单中选择【新建数据库关系图】，将数据库中包含的4个表全部选中，单击【添加】按钮，如图3-4所示。

2）形成表关系，如图3-5所示。保存数据库关系图为【学生信息关系图】。如果以

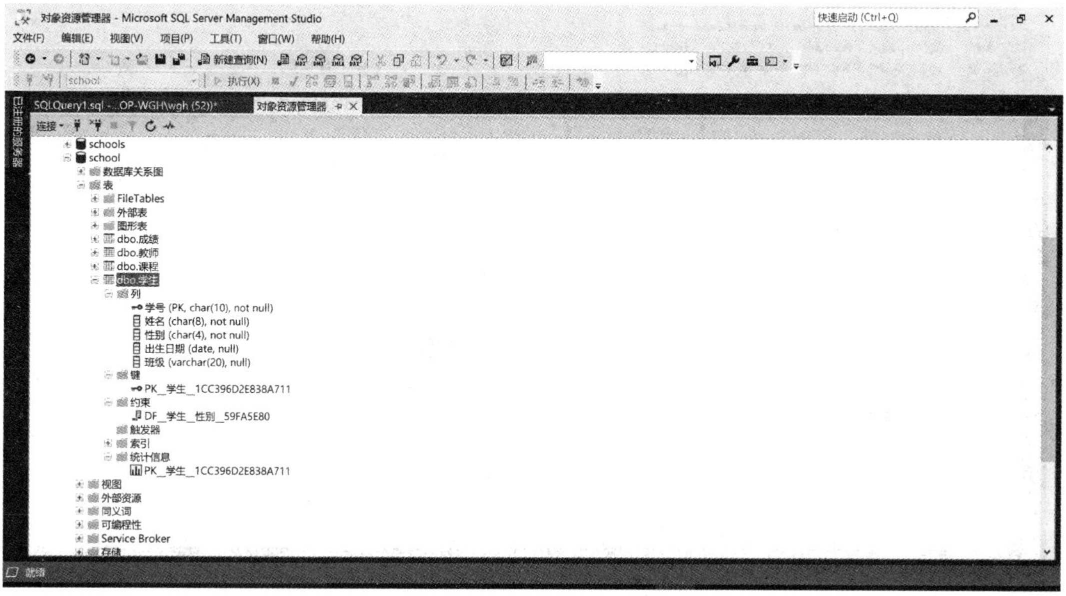

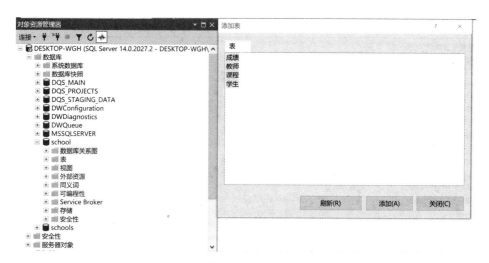

图 3-3　查看表信息

图 3-4　添加表

后想查看表之间的依赖关系，只需找到【数据库关系图】→【学生信息关系图】，双击打开即可。

 注　意

如果数据库没有所有者，需要在创建【数据库关系图】前，通过修改【数据库属性】指定一个所有者，如图 3-6 所示。

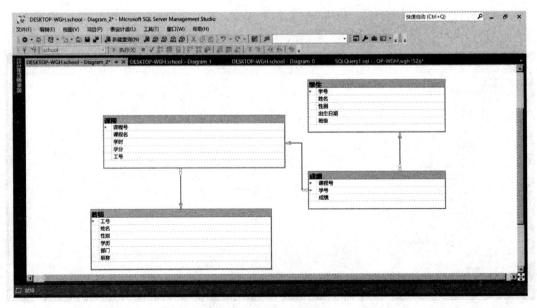

图 3-5　表关系图

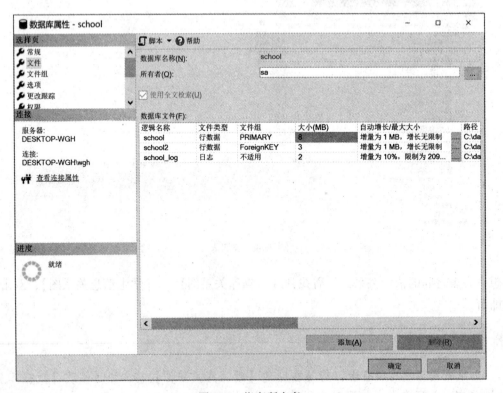

图 3-6　指定所有者

任务 3.3　学生管理系统表中数据的管理

【任务描述】

对学生管理系统中的 4 个表（见图 3-7～图 3-10）中的数据管理，包括添加数据、修改数据和删除数据。

WIN-9S8CODQ3L7Q.school - dbo.学生				
学号	姓名	性别	出生日期	班级
1001	张永	男	1993-08-01	软件技术1
1002	何晓	女	1992-11-03	软件技术1
1003	张宇婷	男	1992-08-21	软件技术1
2001	王斌余	男	1991-07-14	网络技术1
2002	包小明	男	1993-11-15	网络技术1
2003	孙平	女	1992-02-27	网络技术1
2004	郝丽丽	女	1992-05-09	网络技术1
3001	李小丽	女	1994-06-01	软件技术2
3002	王青	男	1994-03-18	软件技术2
3003	高磊	男	1993-05-11	软件技术2

图 3-7　学生表

WIN-9S8CODQ3L7Q.school - dbo.教师					
工号	姓名	性别	学历	部门	职称
1000	王强	男	本科	NULL	讲师
1001	李里	男	硕士研究生	NULL	副教授
1002	张明	女	硕士研究生	NULL	讲师
1003	马志强	男	博士研究生	NULL	教授
1004	方明	女	硕士研究生	NULL	助理讲师

图 3-8　教师表

WIN-9S8CODQ3L7Q.school - dbo.课程				
课程号	课程名	学时	学分	工号
1	文学欣赏	40	1.5	1001
2	历史文化	60	2.0	1002
3	网络流行	70	2.5	1003
4	计算机基础	40	1.5	1004

图 3-9　课程表

【任务分析】

本任务主要是考查对数据的添加、更改和删除的管理能力。

【完成步骤】

（1）利用 SQL Server Management Studio 向表中添加、修改、删除数据。具体操作步骤

WIN-9S8CODQ3L7Q.school - dbo.成绩		
课程号	学号	成绩
1	1001	73
1	1002	78
1	1003	50
1	2001	85
1	2002	49
1	2003	67
2	2001	0
2	2002	88
2	3001	68
2	3002	78
2	3003	67
3	1001	95
3	1002	67
3	1003	90
3	2003	81
3	2004	69
4	1001	51
4	1002	75
4	1003	62
4	2001	82

图 3-10　成绩表

如下：

1）在【Microsoft SQL Server Management Studio】的对象资源管理器窗格中，依次选择【数据库】→【school】→【表】→【学生】，单击鼠标右键，在弹出的快捷菜单中选择【编辑前 200 行】命令，打开学生表的窗口，如图 3-11 所示。其中已经包含很多条数据信息。

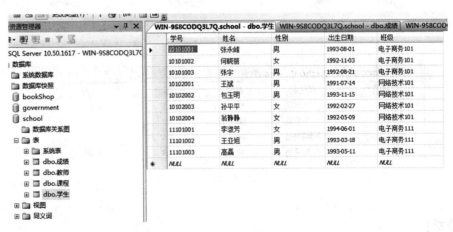

图 3-11　添加数据

2）依次选中相应字段，向里面添加值，或者对已经存在的值做修改，或者选中要删除的数据行，单击鼠标右键，在弹出的快捷菜单中选择【删除】命令即可。单击工具栏中的【！】可以保存修改结果。

（2）使用 T_SQL 语句向表中添加数据。使用 T_SQL 向表中添加数据的语法格式如下：

INSERT［INTO］   表名［（column_list）］
VALUES（｛DEFAULT｜NULL｜expression｝［，…n］）

参数说明如下：

1）INTO：可选关键字。、

2）column_list：指定要插入的数据列，列名之间用逗号隔开。

3）DEFAULT：使用为此列指定的默认值。

4）expression：指定一个具有数据值的变量或表达式。

【例 3-7】用 T_SQL 中的 INSERT 语句向 school 数据库中的成绩表添加一条记录。其语法格式如下：

INSERT   成绩（学号，课程号，成绩）
VALUES（' 10101001 '，1，80)

【例 3-8】用 T_SQL 中的 INSERT 语句向 school 数据库中的教师表添加一条记录。其语法格式如下：

INSERT   教师
VALUES（'0001 '，'丁一'，2，"硕士研究生,'助理讲师')

【例 3-9】用 T_SQL 中的 INSERT 语句向 school 数据库中的学生表添加一条记录。其语法格式如下：

INSERT   学生（学号，姓名，性别）
VALUES（' 110011 '，'丁一'，'女')

注　意

在对数据进行操作时需要注意如下事项：

（1）字段的数据类型、长度。所输入的数值必须满足所要求的数据类型，并且长度限定在最大值内。

（2）约束。录数据时需要考虑录入的数值是否满足该字段所定义的约束。

（3）如果向表中所有字段添加数值（标识字段除外），INSERT 后面的字段名可以省略，但是 VALUES 后面的值的顺序要与所添加的字段的顺序一致，如例 3-8。

【相关知识】

3.3.1 使用 T_SQL 语句修改表中数据

使用 T_SQL 语句修改表中数据的语法格式如下：

```
UPDATE    表名
SET column_name＝value ［,…n］
［FROM    表名］
［WHERE condition］
```

参数说明如下：

（1）column_name：指定修改的列名。

（2）value：指定要更新的表的列的值，可以使表达式、列名和变量。

（3）FROM   表名：value 值中使用的列名的原表。

（4）WHERE condition：修改的条件。

【例 3-10】 在 school 数据库中，把学生表中【姓名】是【丁一】的性别修改为"女"。

其语法格式如下：

```
UPDATE    学生
SET    性别＝'女'
WHERE    姓名＝'丁一'
```

3.3.2　使用 T_SQL 语句删除表中数据

使用 T_SQL 语句删除表中数据的语法格式如下：

```
DELETE ［FROM］表名
［WHERE    condition］
```

其中，condition 为删除条件。

【例 3-11】 删除学生姓名为"张三"的学生记录。

其语法格式如下：

```
DELETE FROM    学生
WHERE    姓名＝'张三'
```

【例 3-12】 删除所有学生信息。

其语法格式如下：

```
DELETE    FROM 学生
```

任务 3.4　Excel 文件中导入导出数据

【任务描述】

将 school 数据库中的所有表导出为 Excel 文件。创建一个新的数据库"student"，再将刚导出的 Excel 文件中的数据导入到此数据库中。

【任务分析】

在管理数据时，经常会碰到不同类型的数据之间的转换，如将其他应用程序（如Access 数据库或 Excel）中的数据导入到 SQL Server 数据库中，或者将 SQL Server 数据库中的数据移植到其他数据库或文件中。SQL Server 2017 的导入和导出服务可以实现不同类型的数据库系统的数据转换。为了让用户可以更直观地使用导入导出服务，微软提供了导入导出向导。导入和导出向导提供了一种从源向目标复制数据的最简便的方法，可以在多种常用数据格式之间转换数据，还可以创建目标数据库和插入表。

可以向 SQL Server、文本文件、Access、Excel 和其他 OLE DB 访问接口中导入数据或从其中导出数据。这些数据源既可用作源，又可用作目标，还可将 "ADO. NET" 访问接口用作源。指定源和目标后，便可选择要导入或导出的数据，可以根据源和目标类型，设置不同的向导选项。例如，如果在 SQL Server 数据库之间复制数据，则指定要从中复制数据的表，或提供用来选择数据的 SQL 语句。由于从文件和数据库中导入导出数据有较大的差别，本任务演示从 Excel 文件中导入导出数据，任务 5 中演示从 Oracle 数据库中导入导出数据。

【完成步骤】

（1）数据导出。数据导出的具体操作步骤如下：

1）启动 SQL Server Management Studio。

2）在【对象资源管理器】窗格中，展开【数据库】节点，选择【school】数据库，单击鼠标右键，从弹出的快捷菜单中执行【任务】→【导出数据】命令，打开【SQL Server 导入和导出向导】窗口。

3）单击【下一步】按钮，出现【选择数据源】面板，如图 3-12 所示。

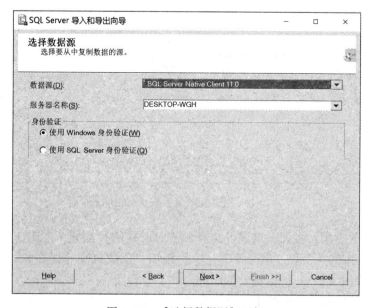

图 3-12　【选择数据源】面板

4）单击【下一步】按钮，出现【选择目标】面板，进行如图 3-13 所示的设置。

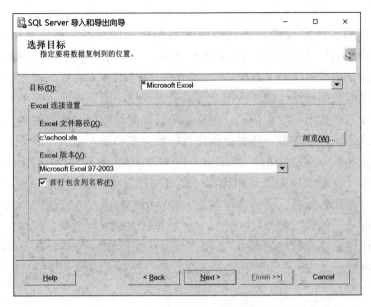

图 3-13 【选择目标】面板

5）单击【下一步】按钮，出现【指定表复制或查询】面板，如图 3-14 所示。

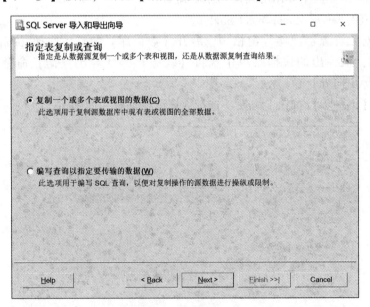

图 3-14 【指定表复制或查询】面板

6）单击【下一步】按钮，出现【选择源表和源视图】面板，如图 3-15 所示。选中【school】数据库中的 4 个表，单击【下一步】按钮，依次执行【保存并运行包】→【下一步】→【完成向导】→【完成】命令。

7）当命令执行完后，单击【关闭】按钮，如图 3-16 所示。

（2）数据导入。数据导入的具体操作步骤如下：

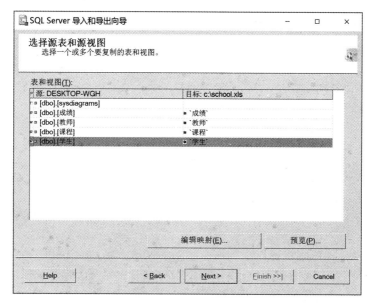

图 3-15 【选择源表和源视图】面板

图 3-16 【执行成功】面板

1）启动 SQL Server Management Studio。

2）在【对象资源管理器】窗格中，用鼠标右键单击【数据库】节点，展开【SQL Server 实例】→【数据库】→【student】节点，单击鼠标右键，在弹出的快捷菜单中选择【任务】→【导入数据】命令，出现导入和导出向导的欢迎界面。

3）单击【下一步】按钮，打开【选择数据源】面板，如图 3-17 所示。

4）单击【下一步】按钮，出现【选择目标】面板，进行如图 3-18 所示的设置。

5）单击【下一步】按钮，打开【选择源表和源视图】面板，选择一个或多个要导入

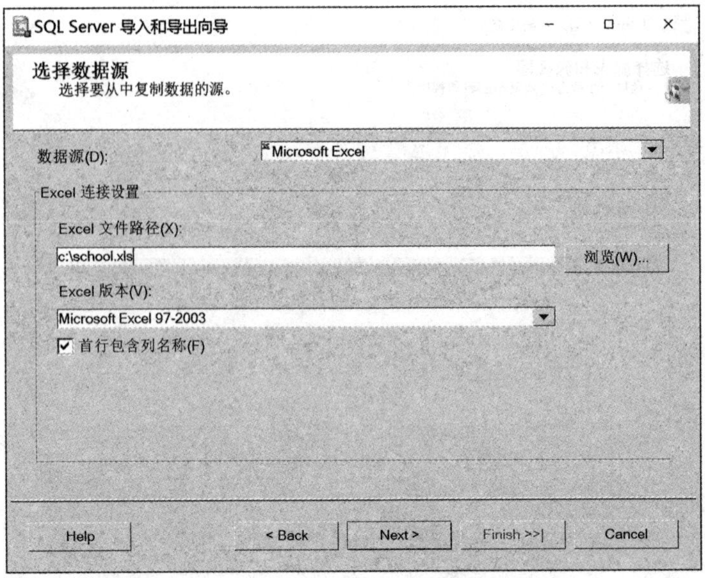

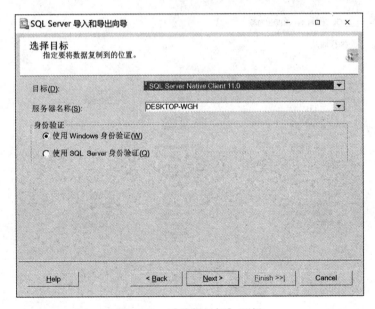

图 3-17 【选择数据源】面板

图 3-18 【选择目标】面板

的表和视图,如图 3-19 所示。

6)单击【下一步】按钮,打开【保存并运行包】对话框,使用默认设置【立即执行】,不保存 SSIS 包。

7)单击【完成】按钮,执行数据库导入操作,执行成功后,将会打开【执行成功】面板,如图 3-20 所示。

8)单击【关闭】按钮,数据导入成功。

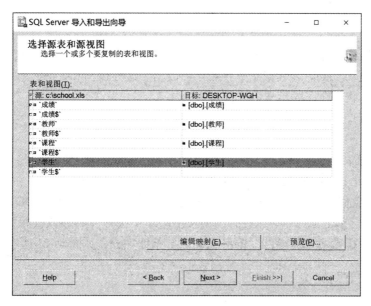

图 3-19   【选择源表和源视图】面板

图 3-20   【执行成功】面板

任务 3.5   Oracle 数据库中导入导出数据

【任务描述】

在 SQL Server 中新建数据库"SCOTT",将 Oracle 的 SCOTT 示例用户的表导进来,并将 Scott 数据库中的数据导出到 Oracle 的 HR 用户中。

【任务分析】

原有应用系统可能是使用 Oracle 等数据库管理数据，如果改为采用 SQL Server 数据库进行管理，必须从 Oracle 等数据库中导入导出数据。这种操作和 Excel 文件中的导入导出有较大的不同，我们在完成步骤中进行介绍。

【完成步骤】

（1）数据导入。数据导入的具体操作步骤如下：

1）启动 SQL Server Management Studio。

2）在【对象资源管理器】窗格中，右击【数据库】节点，展开【SQL Server 实例】→【数据库】节点，单击鼠标右键，在弹出的快捷菜单中选择【新建数据库】命令，在弹出的菜单中输入数据库名称 SCOTT，单击【确定】按钮完成，如图 3-21 所示。

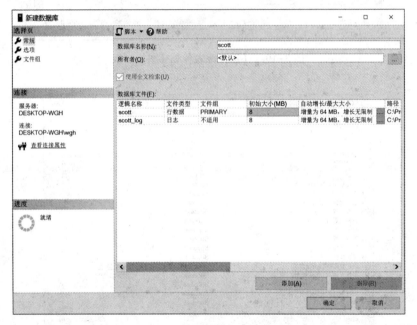

图 3-21　【新建数据库】面板

3）单击【SCOTT 数据库】，单击鼠标右键，在弹出的快捷菜单中选择【任务】→【导入数据】命令，单击【下一步】按钮，打开【选择数据源】面板，并在数据源下拉菜单中选择 Microsoft OLE DB provider for Oracle，如图 3-22 所示。

4）单击【属性】按钮，弹出数据链接属性窗口，输入 Oracle 的服务器名称，服务器名称格式为"主机名：端口号/实例名"，Oracle 默认端口号为 1521，默认实例名为 ORCL。如果服务器安装在本机并选择默认安装参数，则可以输入"localhost：1521/ORCL"，接着输入用户名和密码，因为是从 SCOTT 用户导出表，所以输入 SCOTT 用户及其密码。然后点击测试连接，如果输入信息正确，将提示测试连接成功，如图 3-23 所示。

5）数据链接配置完毕后，单击【下一步】按钮，将弹出选择目标窗口，因为要将数据导入到 SQL Server，所以目标选择【SQL Server Native Client 11.0】。然后选择服务器名

图 3-22　【选择数据源】面板

图 3-23　【数据链接属性】面板

称，可采用 Windows 身份验证或者 SQL Server 身份验证，如图 3-24 所示。

　　6）单击【下一步】按钮，将出现指定表复制或查询选项，选择复制一个或多个表或视图的数据，如图 3-25 所示。

　　7）单击【下一步】按钮，将出现【选择源表和源视图】选项，选择需要导入的表。

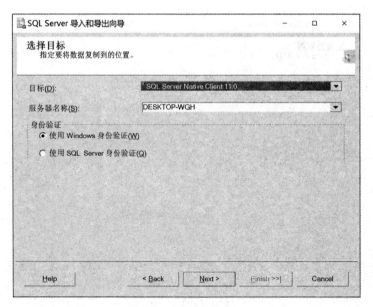

图 3-24 【选择目标】面板

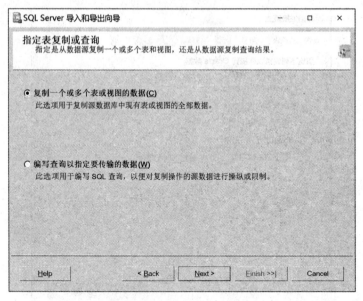

图 3-25 【指定表复制】面板

这里选择【SCOTT. BONUS】、【SCOTT. DEPT】、【SCOTT. EMP】、【SCOTT. SALGRADE】四张表,如图 3-26 所示。

8)在图 3-26 中可以编辑映射并进行预览,然后单击【下一步】按钮,出现查看数据类型映射窗口,如图 3-27 所示。

9)单击【下一步】按钮,出现保存并运行包窗口,选择【立即运行】,如图 3-28 所示。

10)单击【下一步】按钮,出现【完成向导】窗口,如图 3-29 所示。

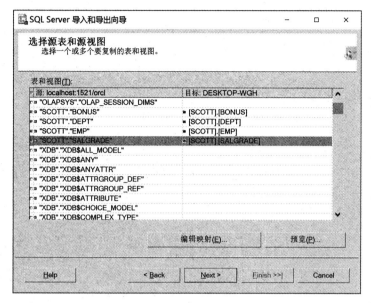

图 3-26　【选择源表】面板

图 3-27　【数据类型映射】面板

11）在图 3-29 中可以对选项进行复审，如果选项都正确，单击【完成】按钮，将开始执行数据的导入，如图 3-30 所示。

12）从图 3-30 可见，数据已经成功导入，单击【关闭】按钮，导入完成。

（2）数据导出。本步骤演示将 SCOTT 数据库中的 EMP 表导出到 Oracle 的 HR 用户中。具体操作步骤如下：

1）启动 SQL Server Management Studio。

2）在【对象资源管理器】窗格中，用鼠标右键单击【数据库】节点，展开【SQL

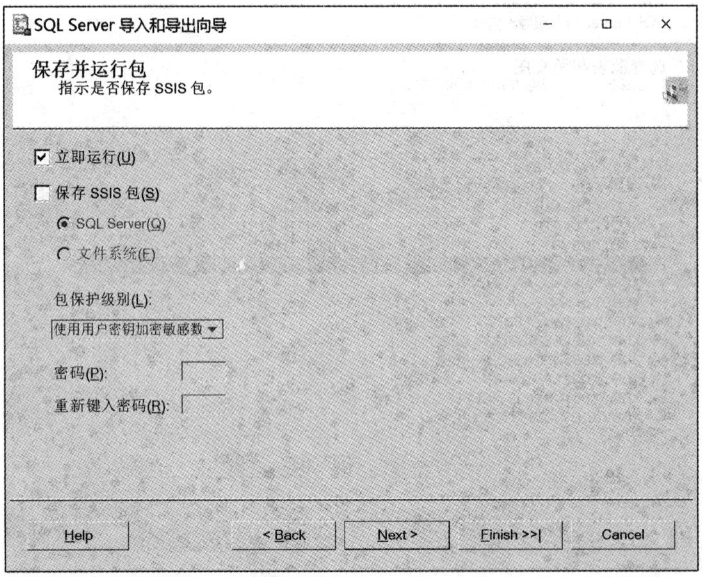

图 3-28　【保存并运行】面板

图 3-29　【复审选项】面板

Server 实例】→【数据库】节点，选择【SCOTT】数据库，单击鼠标右键，选择【任务】→
【数据导出】，将出现选择数据源窗口，选择【SQL Server Native Client 11.0】数据源，如
图 3-31 所示。

3）单击【下一步】按钮，在弹出的目标数据源窗口中，选择 Microsoft OLE DB

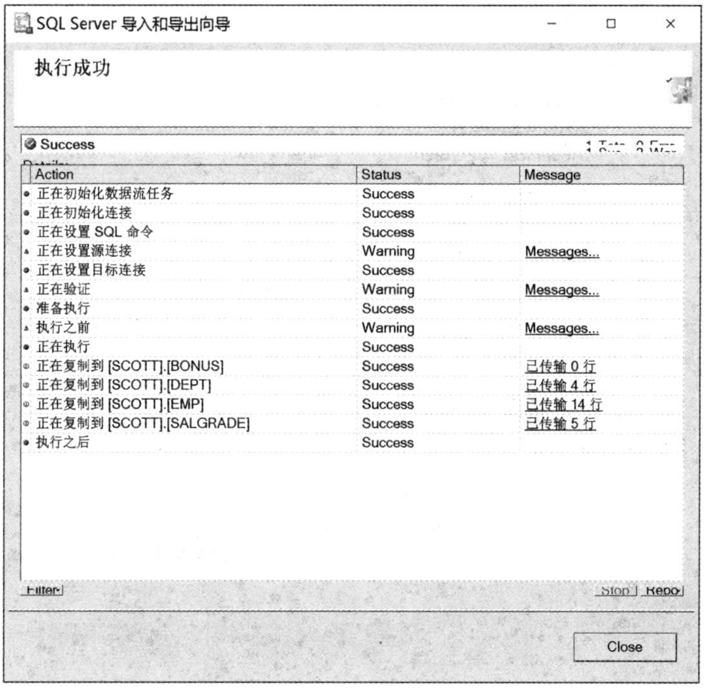

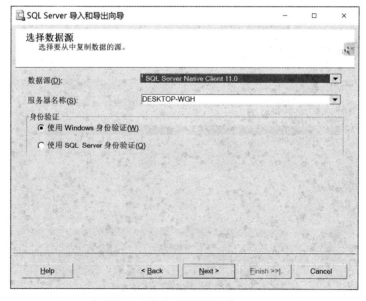

图 3-30 【执行成功】面板

图 3-31 【选择数据源】面板

provider for Oracle，和导入操作类似，在属性按钮中输入服务器名称、用户名 HR 及其密码，如图 3-32 所示。

4）在图 3-32 配置完成后单击【确定】按钮，再单击【下一步】按钮，将出现指定表复制或查询选项。选择复制一个或多个表或视图的数据，再单击【下一步】按钮，将出

图 3-32　【数据链接属性】面板

现【选择源表】窗口，如图 3-33 所示。

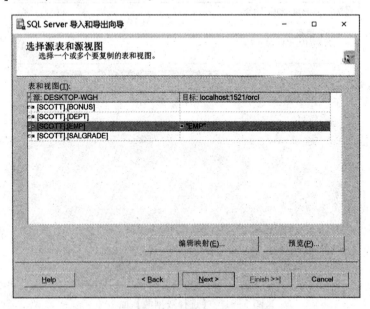

图 3-33　【选择源表】面板

5）选择【［SCOTT］.［EMP］】表，然后单击【下一步】按钮，此时可以查看数据类型映射。再单击【下一步】按钮，将出现是否立即运行的选项，选择【立即运行】，单击【下一步】按钮，将出现复审选项窗口，如图 3-34 所示。

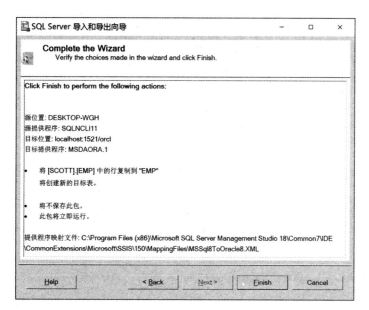

图 3-34 【复审选项】面板

6）此时可以复审选项是否正确。如果要更改选项，可以单击【上一步】按钮进行修改；如果正确，单击【完成】按钮，将立即执行数据的导出，如图 3-35 所示。

图 3-35 【执行成功】面板

7）从图 3-35 可见，数据导出已经成功完成，在 Oracle 数据库中将能查询到导入的数据。

【项目总结】

（1）表设计的要素：列名，数据类型，长度，null 值等。熟悉 SQL Server 2017 的常用的基本数据类型，了解用户创建自定义数据类型。

（2）数据完整性的概念、类型。讲解了 SQL Server 2017 中的五种约束，分别为CHECK 约束、DEFAULT 约束、PRIMARY KEY 约束、FOREIGN KEY 约束、UNIQUE 约束以及使用 SQL Server Management Studio 和 T_SQL 语句创建这些约束的方法。

（3）重点讲解了使用 SQL Server Management Studio 管理表，包括创建表、修改表、查看表的信息，以及删除表。

项目实训 3

实训指导 1　BookShop 数据库中表的创建与维护

【实训目标】

（1）熟练使用 SQL Server Management Studio 或者 T_SQL 语句管理表及数据。
（2）掌握查看表信息的方法。

【需求分析】

BookShop 必须先于表的创建。

【实训环境】

SQL Server 能正常运行，且包含 BookShop 数据库。

【实训内容】

（1）使用 SQL Server Management Studio 分别创建 t_member（会员表）（见表 3-10）和 t_books（图书表）（见表 3-11）的表结构。

表 3-10　t_member（会员表）

序号	列名	备注	数据类型	允许为空	约　束
1	m_id	会员编号	char(4)	不能	主键
2	m_name	会员昵称	varchar(20)	—	—
3	E-mail	E-mail	varchar(20)	—	—
4	phone	联系电话	varchar(15)	—	—
5	address	住址	varchar(40)	—	—
6	integral	积分	int	—	—

表 3-11　t_books（图书表）

序号	列名	备注	数据类型	允许为空	约　束
1	b_id	图书编号	int	不能	主键
2	b_name	图书名称	varchar(50)	不能	—

序号	列名	备注	数据类型	允许为空	约 束
3	author	作者	char(8)	—	—
4	price	价格	smallmoney	—	—
5	publisher	出版社	varchar(50)	—	—
6	discount	折扣	smallmoney	—	折扣小于价格
7	t_id	图书类别	int	—	图书类别表的类别编号的外键

（2）使用 T_SQL 语句创建 t_types（图书类别表）（见表 3-12）和 t_orders（图书订购表）（见表 3-13）的表结构。

表 3-12　t_types（图书类别表）

序号	列名	备注	数据类型	允许为空	约 束
1	t_id	类别编号	int	不能	主键
2	t_name	类别名称	varchar(16)	—	—

表 3-13　t_orders（图书订购表）

序号	列名	备注	数据类型	允许为空	约 束
1	b_id	图书编号	int	不能	图书编号是图书表图书编号的外键
2	m_id	会员编号	char(4)	不能	会员编号是会员表会员编号的外键
3	number	订购量	int	—	默认值为 1
4	d_date	订购日期	datetime	—	—
5	f_date	发货日期	datetime	—	订购日期小于等于发货日期

（3）分别使用 SQL Server Management Studio 和 T_SQL 语句两种方式查看会员表的信息。

（4）在 t_member（会员表）添加字段"birthday"，其数据类型和长度为 Date，更改"address"的数据类型为"varchar（50）"，删除添加的"birthday"字段。

实训指导 2　在 BookShop 数据库数据表中插入数据

【实训目标】

（1）熟练掌握使用 SQL Server Management Studio 向表中添加、修改、删除记录。

（2）掌握使用 T_SQL 语句中的 INSERT、DELETE、UPDATE 语句操作表的记录方法。

【需求分析】

BookShop 下需要有表"t_member""t_books""t_types"和"t_orders"。

【实训环境】

BookShop 数据库中表必须已经创建成功。

【步骤分析】

（1）使用 SQL Server Management Studio 分别向表"t_member""t_books"中插入记录。

（2）使用 T_SQL 语句分别向表"t_types""t_orders"插入记录。

（3）分别使用 SQL Server Management Studio 和 T_SQL 语句修改、删除记录。

实训指导 3　BookShop 数据库数据表的导入与导出

【实训目标】

掌握 SQL Server 2017 导出、导入数据的基本步骤。

【需求分析】

BookShop 下需要有表"t_member""t_books""t_types""t_orders"，并且表中最好有数据。

【实训环境】

（1）导出 BookShop 数据库中的"会员表"和"图书表"为 Excel 文件。

（2）创建一个新的数据库 bookshop，把上述导出的两个表导入该数据库中。

【步骤分析】

参照任务 3.4 Excel 文件中导入导出数据。

项目4 查询数据库数据

【学习目标】

（1）熟练应用 SELECT 语句进行简单查询；

（2）掌握 SELECT 语句进行统计查询的方法；

（3）掌握子查询；

（4）能够应用 SELECT 语句对多表进行连接、联合和嵌套查询。

【技能目标】

能够熟练地使用 SELECT 语句完成查询。

任务 4.1 实现 school 数据库中数据的简单查询

【任务描述】

简单的 SELECT 语句应用。

【任务分析】

简单查询语句的语法格式如下：

SELECT　　［ALL｜DISTINCT］［TOP N］列表达式

［INTO 新表名］

FROM　　表名与视图名列表

［WHERE　　逻辑表达式］

［ORDER BY　　列名［ASC｜DESC］］

 注　意

查询语句中的关键字不区分大小写。

【完成步骤】

（1）简单查询。简单查询包括：

1）查询指定列。数据表中有很多列，通常情况下并不需要查看全部的列，因为查询所关注的内容不同。在指定列的查询中，列的显示顺序由 SELECT 子句指定，与数据在表中的存储顺序无关。同时，在查询多列时，用"，"将各字段隔开。

【例 4-1】 查询所有学生的姓名、性别和班级信息。

其语法格式如下：

SELECT   姓名，性别，班级
FROM   学生

查询结果如图 4-1 所示。

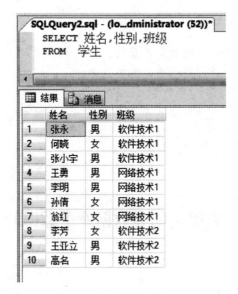

图 4-1 查询指定列

2）查询所有列。使用"*"通配符，查询结果将列出表中所有列的值，列名和顺序按用户创建表时的定义保持一致。

【例 4-2】 查询所有同学的所有信息。

其语法格式如下：

SELECT   *
FROM   学生

查询结果如图 4-2 所示。

3）使用派生列。SELECT 中列的表达式不仅可以是表和视图中的列，也可以是常量、变量和表达式。

【例 4-3】 查询所有学生的学号、姓名和查询日期。

其语法格式如下：

SELECT   学号，姓名，GETDATE（）
FROM   学生

GETDATE（）函数用来获取当前的系统的日期和时间。

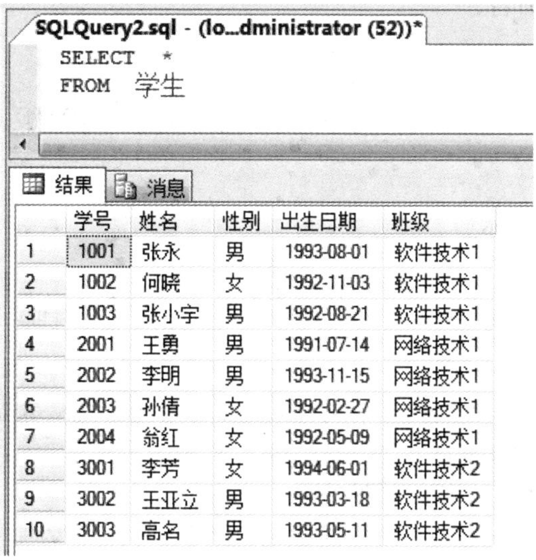

SQLQuery2.sql - (lo...dministrator (52))*

```
SELECT  *
FROM  学生
```

结果　消息

	学号	姓名	性别	出生日期	班级
1	1001	张永	男	1993-08-01	软件技术1
2	1002	何晓	女	1992-11-03	软件技术1
3	1003	张小宇	男	1992-08-21	软件技术1
4	2001	王勇	男	1991-07-14	网络技术1
5	2002	李明	男	1993-11-15	网络技术1
6	2003	孙倩	女	1992-02-27	网络技术1
7	2004	翁红	女	1992-05-09	网络技术1
8	3001	李芳	女	1994-06-01	软件技术2
9	3002	王亚立	男	1993-03-18	软件技术2
10	3003	高名	男	1993-05-11	软件技术2

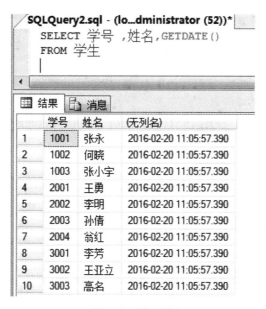

图 4-2　查询所有列

查询结果如图 4-3 所示。

SQLQuery2.sql - (lo...dministrator (52))*

```
SELECT 学号 ,姓名,GETDATE()
FROM 学生
```

结果　消息

	学号	姓名	(无列名)
1	1001	张永	2016-02-20 11:05:57.390
2	1002	何晓	2016-02-20 11:05:57.390
3	1003	张小宇	2016-02-20 11:05:57.390
4	2001	王勇	2016-02-20 11:05:57.390
5	2002	李明	2016-02-20 11:05:57.390
6	2003	孙倩	2016-02-20 11:05:57.390
7	2004	翁红	2016-02-20 11:05:57.390
8	3001	李芳	2016-02-20 11:05:57.390
9	3002	王亚立	2016-02-20 11:05:57.390
10	3003	高名	2016-02-20 11:05:57.390

图 4-3　派生列

4）为结果集中的列定义别名。通常在查询结果显示的列标题就是创建表时所使用的列名，但是有时为了满足实际需要必须让其以一个新的列名代替别名，命名别名有以下三种方法：

①别名＝列名；

②列名 AS 别名；

③列名 别名。

【例 4-4】 查询所有学生的学号、姓名和查询日期，并分别以“学生学号”“学生姓名""查询日期"作为别名。

其语法格式如下：

SELECT　学号　AS 学生学号，姓名　学生姓名，查询日期＝GETDATE（）
FROM　　学生

查询结果如图 4-4 所示。

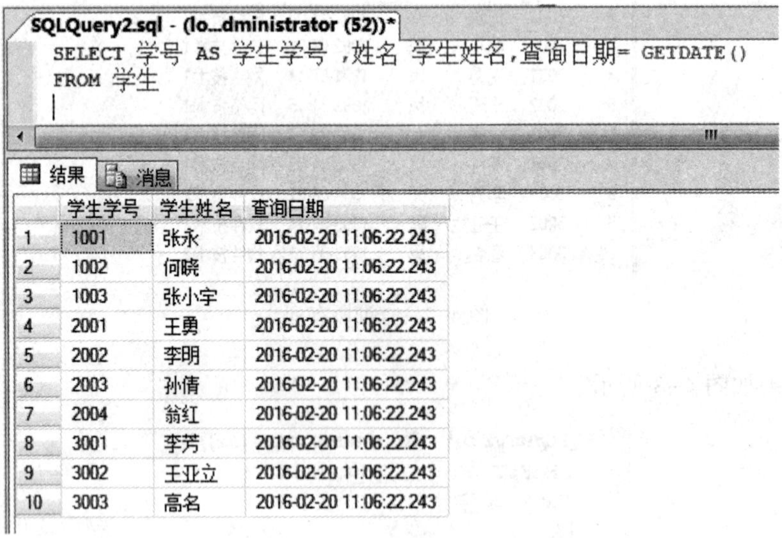

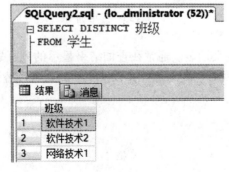

图 4-4　指定别名

5）除去结果的重复值。使用 DISTINCT 关键字能够从返回的结果集中删除重复的行，过滤掉多余的信息，方便查阅。

【例 4-5】去掉结果的重复值。

其语法格式如下：

SELECT DISTINCT　班级
FROM　学生

结果如图 4-5 所示。

图 4-5　去掉重复值

6）返回查询的部分数据。利用 TOP 关键字可以指定返回结果集中的行数。

TOP N 表示返回最前面的 N 行，N 表示返回的行数，TOP N PERCENT 表示返回前面的 N%行。

【例 4-6】查询前 5 位同学的学号、姓名和班级信息。

其语法格式如下：

SELECT TOP 5　学号，姓名，班级
FROM　学生

查询结果如图 4-6 所示。

图 4-6　使用"TOP"返回部分行

【例 4-7】查询 5%同学的学号、姓名和班级信息。

其语法格式如下：

SELECT TOP 5 PERCENT　学号，姓名，班级
FROM　学生

查询结果如图 4-7 所示。

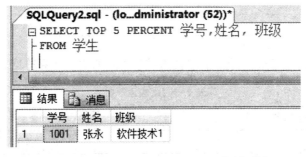

图 4-7　利用"TOP N PERCENT"返回部分行

如果要将例 4-7 的查询结果保存起来，可以按以下操作完成：

SELECT TOP 5 PERCENT 学号，姓名，班级

INTO 学生 1

FROM 学生

其中，要求操作者必须具有创建表的权限，并且此数据库中不包含"学生 1"表。

（2）条件查询。WHERE 子句用于指定查询条件，使得 SELECT 语句的结果表中只显示那些满足查询条件的记录而非全部数据。查询结果集返回表中条件表达式值为 True 的所有行，而对于条件表达式为 Flase 或者未知的行则不显示。进行条件查询时经常要用到各种运算符，常用的运算符见表 4-1。

表 4-1 运算符

类 别	运 算 符	说 明
算术运算符	+, −, *, /,%	进行算术运算
比较运算符	=, >, <, >=, <=, <>	比较两个表达式
逻辑运算符	AND、OR、NOT	用于多个条件表达式的逻辑连接
范围运算符	BETWEEN...AND..., NOT BETWEEN...AND...	列的值是否在指定范围内（BETWEEN...AND...是整体）
列表运算符	IN, NOT IN	列的值是否在指定列表中
字符运算符	LIKE, NOT LIKE	列的值是否与指定的模式字符串相匹配
未知值	IS NULL, IS NOT NULL	判断列值是否为空

1）算术运算符。算术运算符的作用是进行算术运算，常用的算术运算符见表 4-2。

表 4-2 算术运算符

运 算 符	含 义
+	加法运算
−	减法运算
*	乘法运算
/	除法运算
%	求余运算，返回余数

2）比较运算符。WHERE 子句中的表达式中用到的比较运算符见表 4-3。

表 4-3 比较运算符

运 算 符	含 义
=	等于
>	大于
<	小于

续表 4-3

运 算 符	含 义
>=	大于等于
<=	小于等于
<>或! =	不等于

【例 4-8】查询所有的男同学学号、姓名信息。
其语法格式如下：

SELECT　学号，姓名
FROM　学生
WHERE　性别='男'

 注 意

查询语句中用到的字符类型和日期类型的数据需要使用"括起来。

查询结果如图 4-8 所示。

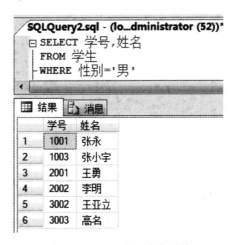

图 4-8　" ="用于条件查询

【例 4-9】查询成绩大于 80 分的学生的学号、课程号和成绩信息。
其语法格式如下：

SELECT　学号，课程号，成绩
FROM　成绩
WHERE　成绩>80

查询结果如图 4-9 所示。

3）逻辑运算符。逻辑运算符包括 AND、OR、NOT，在 WHERE 子句中可以混合使用。常见的逻辑运算符见表 4-4。

图 4-9　">" 用于条件查询

表 4-4　逻辑运算符

逻辑运算符	含　义
AND	与（并且）
OR	或
NOT	非（否）

【例 4-10】查询 "网络技术 1" 班男学生的信息。

其语法格式如下：

```
SELECT    *
FROM   学生
WHERE     班级='网络技术 1 ' AND 性别='男'
```

查询结果如图 4-10 所示。

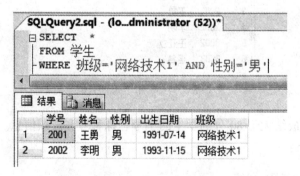

图 4-10　"AND" 用于条件查询

【例 4-11】查询 "网络技术 1" 班或 "软件技术 1" 班学生的信息。

其语法格式如下：

```
SELECT    *
```

FROM 学生

WHERE 班级 ='网络技术 1 ' OR 班级 ='软件技术 1 '

查询结果如图 4-11 所示。

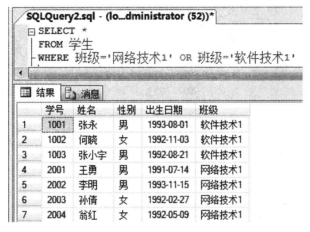

图 4-11 "OR"用于条件查询

（1）NOT 只能用于简单条件中，不能用于包含 AND 或者 OR 条件的复合条件中，例如：NOT（学号 =' 1001 ' AND 性别 ='男'）返回的结果集就是错误的。

（2）优先级由高到低依次是 NOT、AND、OR。

4）范围运算符。使用 BETWEEN…AND…限制查询数据范围时同时包括了边界值，效果完全可以用含有 "＞＝" 和 "＜＝" 的逻辑表达式来代替；而使用 NOT BETWEEN…AND…进行查询时没有包括边界值，效果完全可以用含有 "＞" 和 "＜" 的逻辑表达式来代替。

【例 4-12】查询分数在 60～100 之间的信息。

其语法格式如下：

SELECT *

FROM 成绩

WHERE 成绩 BETWEEN 60 AND 100

查询结果如图 4-12 所示。

5）限制检索数据的范围。对于取值不在一个连续区间的一些离散数据，则不能使用 BETWEEN…AND…，可以利用 SQL Server 提供的另一个关键字 IN。

在大多数情况下，OR 运算符与 IN 运算符可以实现相同的功能。

【例 4-13】查询学号是 "1001" "1002" "2001" 的学生信息。

	课程号	学号	成绩
1	1	1001	73
2	1	1002	78
3	1	2003	85
4	1	3002	67
5	2	2002	68
6	2	2003	78
7	2	1001	67
8	2	1003	88
9	3	1001	81
10	3	1003	69
11	3	2002	95
12	3	2003	67
13	3	3002	90
14	4	2002	75
15	4	1001	62
16	4	1003	82

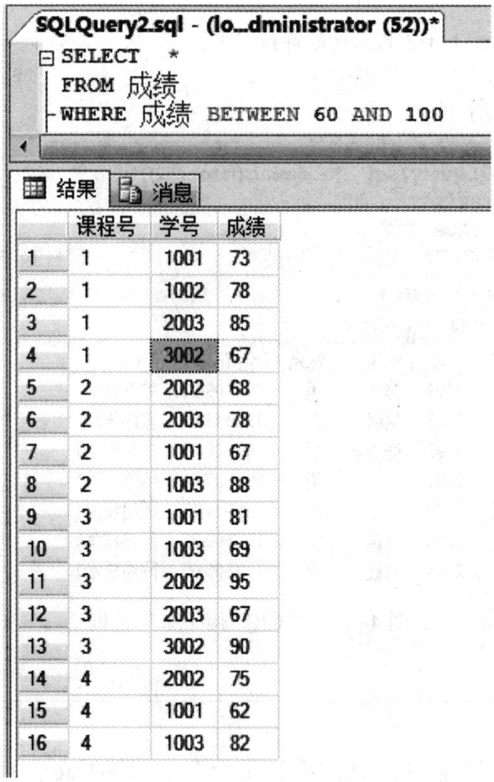

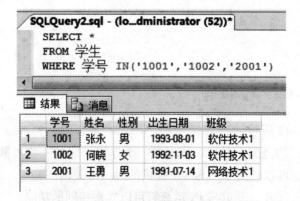

图 4-12　范围运算符的应用

其语法格式如下：

```
SELECT *
FROM　学生
WHERE　学号 IN ('1001', '1002', '2001')
```

查询结果如图 4-13 所示。

	学号	姓名	性别	出生日期	班级
1	1001	张永	男	1993-08-01	软件技术1
2	1002	何晓	女	1992-11-03	软件技术1
3	2001	王勇	男	1991-07-14	网络技术1

图 4-13　用“IN”限制检索数据的范围

6）模糊查询。在实际的应用中，用户不会总能精确地给出查询条件。因此，经常需要根据一些并不确切的条件来搜索信息。SQL Server 提供了 LIKE 子句来进行这类模糊查询。LIKE 子句在大多数情况下会与通配符配合使用。所有通配符只有在 LIKE 子句中才有意义，否则通配符会被当作普遍字符来处理。各种通配符也可以组合使用，实现复杂的模糊查询。常见通配符见表4-5。常用通配符实例见表4-6。

表4-5 常用通配符

通 配 符	含 义
%	任意多字符
_	单个字符
［］	指定范围的单个字符
［^］	不在指定范围的单个字符

表4-6 常用通配符实例

通配符	含 义	举 例
A%	查询以 A 开始的任意的字符串	About，Asc
%A	查询以 A 结束的任意的字符串	ReA
%A%	查询包含 A 的任意字符串	About、ReA、bAc
_A	查询以任意一个字符开始，A 结束的任意字符串	eA
A［h，a］%	查询以 A 开始，第二个字符是 h 或者 a 的任意字符串	Aadsd、Ahfe
A［^h，a］%	查询以 A 开始，第二个字符不是 h 或者 a 的任意字符串	Afgg、Atr
［a-d］%	查询以 a 到 d 之间任意一个字符开始的任意字符串	ajdfh
［^a-d］%	查询不以 a 到 d 之间任意一个字符开始的任意字符串	Rtr

在使用 LIKE 进行模糊查询时，当"%""_"和"［］"符号单独出现时，都会被作为通配符进行处理。但是有时可能需要搜索的字符串包含一个或多个特殊通配符。例如，数据表中可能存储含"%"的折扣值。若要搜索作为字符而不是通配符的"%"，必须提供 escape 关键字和转义符。例如，"LIKE '%A%' escape 'A'"就是使用了 escape 关键字定义了转义字符 A，将字符串"%A%"中的第二个"%"作为实际值，而不是通配符。

【例4-14】查询所有姓"王"的学生信息。

其语法格式如下：

```
SELECT *
FROM 学生
WHERE 姓名 LIKE '王%'
```

查询结果如图4-14所示。

思考：如果可以确定姓名为两个字，如何使用通配符"_"替换通配符"%"?

【例4-15】查询所有姓"张"或姓"王"的学生信息。

其语法格式如下：

```
SELECT *
FROM 学生
WHERE 姓名 LIKE '［张王］%'
```

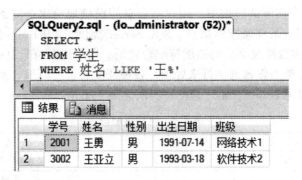

图 4-14　通配符 "%" 的应用

查询结果如图 4-15 所示。

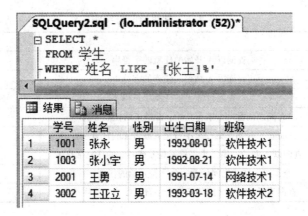

图 4-15　通配符的应用

7）空值（NULL）的判断。如果在创建数据表时没有指定 NOT NULL 约束，那么数据表中某些列的值就可以为 NULL。NULL 指的是空，在数据库中，其长度为 0。

【例 4-16】查询所有成绩为空的学生信息。

其语法格式如下：

```
SELECT  *
FROM    成绩
WHERE    成绩 IS NULL
```

查询结果如图 4-16 所示。

（3）查询结果排序。在 SQL 语句中，ORDER BY 子句用于排序。ORDER BY 子句总是在 WHERE 子句（如果有的话）后面说明的，可以按照一列或者多列进行排序。如果是多列，每个列之间以逗号分隔。可以选择使用 ASC/DESC 关键字指定按照升序/降序排序。如果没有特别说明，值是以升序进行排序的，即默认情况下使用的是 ASC 关键字。

【例 4-17】查询课程号为 1 的学生的成绩，并按成绩由高到低排序。

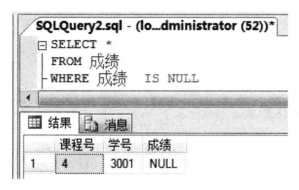

图 4-16　"NULL" 的应用

其语法格式如下：

SELECT　*
FROM　　成绩
WHERE　　课程号 = 1
ORDER BY　成绩 DESC

查询结果如图 4-17 所示。

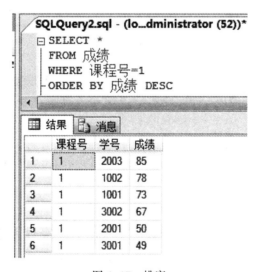

图 4-17　排序

使用 ORDER BY 子句也可以根据两列或多列的结果进行排序，并用逗号分隔不同的排序关键字。其实际排序结果是根据 ORDER BY 子句后面列名的顺序确定优先级的。即查询结果首先以第一列的顺序进行排序，而只有当第一列出现相同的信息时，这些相同的信息再按第二列的顺序进行排序，依次类推。

【例 4-18】查询所有学生课程号 1 的课程成绩，并按由高到低的顺序输出，如果成绩相同，则按学号由小到大排序。

其语法格式如下：

```
SELECT    *
FROM      成绩
WHERE       课程号 = 1
ORDER BY      成绩 DESC, 学号
```

查询结果如图 4-18 所示。

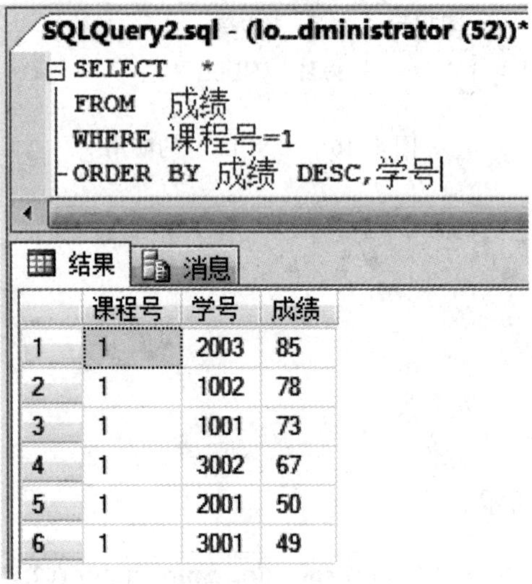

图 4-18 多列排序

ORDER BY 子句除了可以根据列名进行排序外，还支持根据列的相对位置（即序号）进行排序。同样以例 4-18 为例，可以按以下方式进行排序：

```
SELECT    学号, 课程号, 成绩
FROM    成绩
WHERE     课程号 = 1
ORDER BY 3 DESC, 1
```

任务 4.2 SELECT 语句的统计功能

【任务描述】

熟练使用聚合函数，比较 GROUP BY 和 COMPUTE BY。

【任务分析】

查询语句的语法格式如下：

```
SELECT［ALL | DISTINCT］［TOP N］列表达式
［INTO  新表名］
FROM   表名与视图名列表
```

［WHERE　逻辑表达式］
［GROUP BY 列名列表］
［HAVING　逻辑表达式］
［ORDER BY　列名［ASC | DESC］］

【完成步骤】

（1）聚合函数。聚合函数是 T-SQL 所提供的系统函数，其可以返回一列、几列或全部列的汇总数据，用于计数或统计。这类函数（除 COUNT 外）仅用于数值型列，并且在列上使用聚合函数时，不考虑 NULL 值。常用的聚合函数见表4-7。

表4-7　常用的聚合函数

函　数	功　能
COUNT	计数，用来统计个数
SUM	求和
AVG	求平均值
MAX	求最大值
MIN	求最小值

【例4-19】统计学生总人数。
其语法格式如下：

SELECT COUNT（＊）AS　'学生人数'
FROM　　学生

查询结果如图4-19所示。

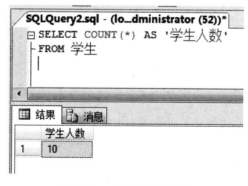

图4-19　"COUNT"计数

【例4-20】统计课程号为1的这门课程的最高分、最低分、平均分和总分。
其语法格式如下：

SELECT MAX（成绩），MIN（成绩），AVG（成绩），SUM（成绩）
FROM　成绩
WHERE　　课程号=1

（2）分组汇总。GROUP BY 子句用于对查询结果集按指定列的值进行分组，列值相同的放在一组。集合函数和 GROUP BY 子句配合使用，将对查询结果集进行分组统计。GROUP BY 关键字后面跟着的列称为分组列，分组列中的每个得复值将被汇总为一行。如果包含 WHERE 子句，则只对满足 WHERE 条件的行进行分组汇总。

【例4-21】统计每门课程的平均分。

其语法格式如下：

```
SELECT   课程号，AVG（成绩）平均分
FROM     成绩
GROUP BY  课程号
```

查询结果如图4-20所示。

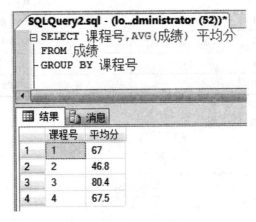

图4-20　分组汇总

使用 GROUP BY 子句进行分组统计时，SELECT 子句中的列表达式中所包含的列只能是如下两种情况：

（1）列名应用了集合函数。

（2）未应用集合函数的列必须包含在 GROUP BY 子句中。

（3）分组筛选。如果使用 GROUP BY 子句分组，则还可用 HAVING 子句对分组后的结果进行过滤筛选。HAVING 子句通常与 GROUP BY 子句一起使用，用于指定组或合计的搜索条件，其作用与 WHERE 子句相似，二者的区别如下：

1）作用对象不同：WHERE 子句作用于表和视图中的行，而 HAVING 子句作用于形成的组。WHERE 子句限制查找的行，HAVING 子句限制查找的组。

2）执行顺序不同：若查询句中同时有 WHERE 子句和 HAVING 子句，执行时，先去掉不满足 WHERE 条件的行，然后分组，分组后再去掉不满足 HAVING 条件的组。

3）WHERE 子句中不能直接使用聚合函数，但 HAVING 子句的条件中可以包含聚合

函数。

【例 4-22】统计成绩表中每个同学的最高分、最低分、平均分和总分，并输出平均分大于 70 分的学生信息。

其语法格式如下：

SELECT　学号，MAX（成绩）最高分，MIN（成绩）最低分，AVG（成绩）平均分，SUM（成绩）总分

FROM　成绩
GROUP BY　学号
HAVING AVG（成绩）>70

查询结果如图 4-21 所示。

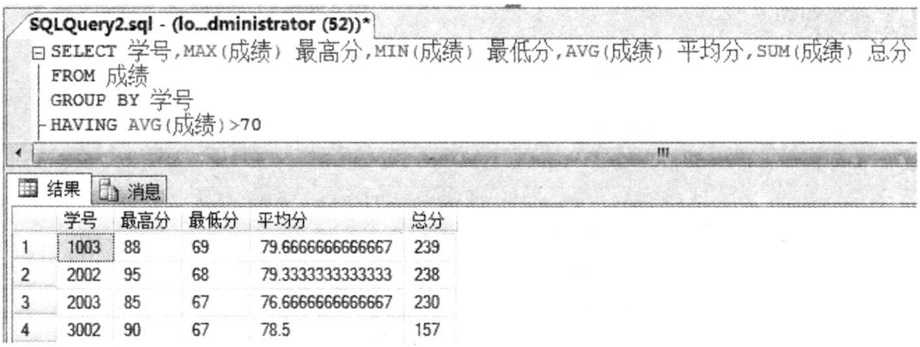

图 4-21　HAVING 过滤分组

【例 4-23】查询成绩表中至少 2 名学号包含 01 的学生选修的课程的平均分数。

其语法格式如下：

SELECT　课程号，AVG（成绩）AS 平均分
FROM　成绩
WHERE　学号　LIKE '%01%'
GROUP BY　课程号
HAVING COUNT（*）>=2

查询结果如图 4-22 所示。

（4）明细汇总。使用 GROUP BY 子句对查询数据进行分组汇总，为每一组产生一个汇总结果，每个组只返回一行，无法看到详细信息。使用 COMPUTE 和 COMPUTE BY 子句既能够看到统计的结果又能够浏览详细数据。

【例 4-24】使用 COMPUTE 子句对所有学生的人数进行明细汇总。

其语法格式如下：

SELECT　*
FROM　学生
COMPUTE COUNT（学号）

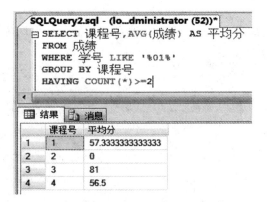

图 4-22　聚合函数在"HAVING"中的应用

查询结果如图 4-23 所示。

图 4-23　明细汇总

在使用 COMPUTE 和 COMPUTE BY 子句时，需要注意以下几点：

（1）COMPUTE［BY］子句不能与 SELECT INTO 子句一起使用。

（2）COMPUTE 子句中的列必须在 SELECT 子句的字段列表中出现。

（3）COMPUTE BY 表示按指定的列进行明细汇总，使用 BY 关键字时必须同时使用 ORDER BY 子句，并且 COMPUTE BY 中出现的列必须具有与 ORDER BY 后出现的列相同的顺序，且不能跳过其中的列。

【例 4-25】查询选课表，按课程号分组，输出各组的学号，课程号，成绩的明细并统计每门课的上课人数和平均成绩。

其语法格式如下：

SELECT ＊ FROM 成绩
ORDER BY 课程号
COMPUTE COUNT（学号），AVG（成绩）BY 课程号

查询结果如图4-24所示。

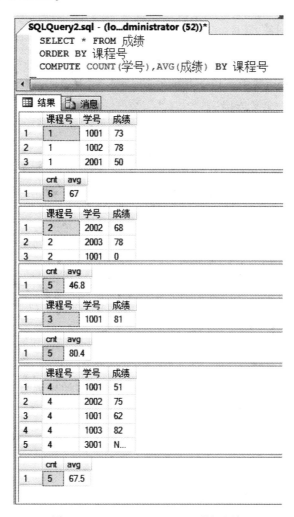

图4-24 "COMPUTE BY"明细查询

任务4.3 多表连接查询

【任务描述】

前面介绍的查询都是针对单一的表，而实际操作的数据可能来自多个表。以为在设计表时要考虑数据的冗余度低、数据一致性等问题，通常数据表的设计要满足范式的要求，因此也会造成一个实体的所有信息保存在多个表中的情况。当检索数据时，往往在一个表

中不能够得到想要的信息，因此通常使用多表连接来解决数据的来源这一问题。

【任务分析】

多表连接查询语法格式：

SELECT [表名.] 目标列表达式 [AS 别名]，…
FROM 左表名 AS 别名] 连接类型 右表名 [AS 别名]
ON 连接条件

其中，连接类型及运算符有以下几种：
（1）CROSS JOIN：交叉连接。
（2）INNER JOIN 或 JOIN：内连接。
（3）LEFT JOIN 或 LEFT OUTER JOIN：左外连接。
（4）RIGHT JOIN 或 RIGHT OUTER JOIN：右外连接。
（5）FULL JOIN 或 FULL OUTER JOIN：完全连接。

【完成步骤】

（1）内连接。内连接的 3 种类型如下：
1）等值连接。在连接条件中使用等号（=）比较运算符来比较连接列的列值。结果集中有两个表的所有列，包括重复列。在等值连接中，连接条件通常采用"表 1. 主键 = 表 2. 外键"的形式。
2）非等值连接。在连接条件中使用了除等号之外的比较运算符（>、<、>=、<=、! =）来比较连接列的列值。
3）自然连接。与等值连接相同，都是在连接条件中使用等号（=）比较运算符，但结果集中不包括重复列。

内连接语法格式一如下：

SELECT 列名列表
FROM 表名 1 [INNER] JOIN 表名 2
ON 表名 1. 列名 = 表名 2. 列名

内连接语法格式二如下：

SELECT 列名列表
FROM 表名 1，表名 2
WHERE 表名 1. 列名 = 表名 2. 列名

【例 4-26】查询所有选修课程号为 1 的学生的学号、姓名和成绩。
其语法格式如下：

SELECT 学生 . 学号，姓名，成绩

FROM　　学生，成绩

WHERE　　学生.学号=成绩.学号　　AND 课程号=1

查询结果如图 4-25 所示。

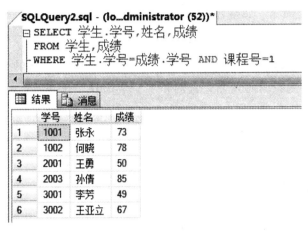

图 4-25　内连接

【例 4-27】查询成绩表，输出考试不及格学生的学号、姓名、课程号及成绩。

方法一：

SELECT　　A. 学号，姓名，课程号，成绩

FROM　　学生 AS A ，成绩 AS B

WHERE　　A. 学号=B. 学号 AND 成绩<60

方法二：

SELECT　　A. 学号，姓名，课程号，成绩

FROM　　学生 AS A INNER JOIN 成绩 AS B

ON A. 学号=B. 学号 WHERE 成绩<60

以上两种方法的查询结果如图 4-26 所示。

	学号	姓名	课程号	成绩
1	1001	张永	2	0
2	1001	张永	4	51
3	1002	何晓	2	0
4	2001	王勇	1	50
5	3001	李芳	1	49

图 4-26　两种方法返回数据集相同

有时表名比较烦琐，使用起来很麻烦，为了使程序简洁、明了，在 T-SQL 中，也可以通过 AS 关键字为表定义别名。对于多表查询，如果字段不只出现在一个表中时，一定要在字段前加上表名，以免出现冲突。

（2）自连接。自连接是指路使用表的别名实现表与其自身连接的查询方法。

【例 4-28】对学生表进行查询，查询和学号"1001"在同一个班级的学生的学号和姓名。

其语法格式如下：

SELECT　B. 学号，B. 姓名

FROM　学生 AS A INNER JOIN 学生 AS B

ON　A. 班级＝B. 班级

WHERE A. 学号='1001' AND B. 学号<>'1001'

查询结果如图 4-27 所示。

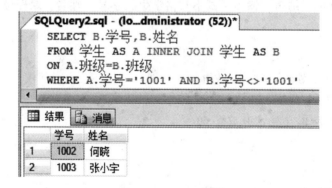

图 4-27　自连接

（3）外链接。外链接包括左外连接、右外链接和全外连接。在 SELECT 语句的 FROM 子句中，通过指定不同类型的 JOIN 关键字可以实现不同的表的连接方式，而在 ON 关键字后指定连接条件。

【例 4-29】查询学生选课数据库，输出所有教师所教授的课程信息，没有教授课程的教师也要列出。

其语法格式如下：

SELECT　A. 工号，姓名，课程名，学时，学分

FROM　教师 AS A LEFT JOIN 课程 AS B

ON　A. 工号＝B. 工号

查询结果如图 4-28 所示。

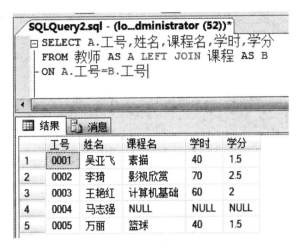

图4-28 外链接

任务 4.4 子查询

【任务描述】

子查询是一个 SELECT 语句嵌套在另一个 SELECT 语句的 WHERE 子句中的查询，包含子查询的 SELECT 语句称为父查询或外部查询。子查询可以多层嵌套，执行时由内向外，即每一个子查询在其上一级父查询处理之前先处理，其查询结果返回给父查询。

【任务分析】

使用子查询时，应注意以下几点：

（1）子查询的 SELECT 语句总是使用圆括号括起来。

（2）子查询不能包含 COMPUTE 子句。如果子查询的 SELECT 语句中使用了 TOP 关键字，则子查询必须包含 ORDER BY 子句。

（3）子查询的返回值为单个值时，子查询可以应用到任何表达式中。

【完成步骤】

子查询包括比较子查询、IN 子查询、批量比较子查询和 EXISTS 子查询。介绍如下：

（1）比较子查询。父查询与子查询之间用比较运算符进行连接。在这种类型子查询中，子查询返回的值最多只能有一个，如图4-29所示。

【例4-30】查询 school 数据库，输出选修了"计算机基础"这门课的所有学生的学号和成绩。

其语法格式如下：

```
SELECT   学号, 成绩 FROM 成绩
WHERE    课程号 = （SELECT 课程号 FROM 课程 WHERE 课程名='计算机基础'）
```

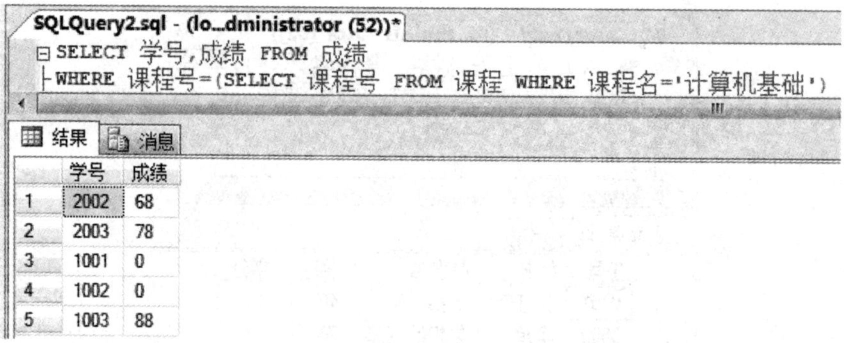

图 4-29 比较子查询

【例 4-31】 查询 school 数据库，输出年龄最小的同年出生的学生的学号、姓名。

其语法格式如下：

SELECT 学号, 姓名 FROM 学生
WHERE YEAR（出生日期）=（SELECT YEAR（MAX（出生日期）） FROM 学生）

【例 4-32】 查询 school 数据库，输出"计算机基础"这门课不及格的学生的学号、姓名。

其语法格式如下：

SELECT 学号, 姓名 FROM 学生
WHERE 学号=（SELECT 学号 FROM 成绩
WHERE 成绩<60 AND 课程号=（SELECT 课程号
FROM 课程 WHERE 课程名='计算机基础'））

（2）IN 子查询。IN 后面的子查询可以返回多条记录，常用 IN 替换等于（=）的比较子查询。

【例 4-33】 查询 school 数据库，输出"计算机基础"这门课不及格的学生的学号、姓名。

其语法格式如下：

SELECT 学号, 姓名 FROM 学生
WHERE 学号 IN（SELECT 学号 FROM 成绩
WHERE 成绩<60 AND 课程号=（SELECT 课程号
FROM 课程 WHERE 课程名='计算机基础'））

注意

如果有多个学生不及格，就可以用"IN"来替换"="。

（3）批量比较子查询。批量比较子查询是指子查询的结果不止一个，父查询和子查询之间又需要用比较运算符进行连接。谓词含义见表 4-8。

表4-8 谓词含义

谓 词	含 义
ANY	会使用指定的比较运算符将一个表达式的值或列值与子查询返回值中的每一个值进行比较。只要有一次比较的结果为 TRUE，则整个表达式的值为 TRUE，否则为 FALSE
ALL	会使用指定的比较运算符将一个表达式的值或列值与子查询返回值中的每一个值进行比较。只有所有比较的结果为 TRUE，整个表达式的值为 TRUE，否则为 FALSE
EXISTS	指在子查询前面加上 EXISTS 运算符或 NOT EXISTS 运算符。EXISTS 运算符和后面的子查询构成 EXISTS 表达式。如果子查询查找到有满足条件的数据行，那么 EXISTS 表达式的返回值为 TRUE，否则为 FALSE

【例4-34】查询 school 数据库，输出需要补考的学生的姓名。

其语法格式如下：

```
SELECT      姓名 FROM 学生
WHERE       学号 = ANY（SELECT 学号 FROM 成绩 WHERE 成绩<60）
```

【例4-35】查询学生选课数据库，输出不需要补考的学生的姓名。

其语法格式如下：

```
SELECT   姓名 FROM 学生
WHERE   学号<>ALL（SELECT 学号 FROM 成绩 WHERE 成绩<60）
```

任务 4.5　集合查询

【任务描述】

如果有多个不同的查询结果数据集，但又希望将它们按照一定的关系连接在一起，组成一组数据，这就可以使用集合运算来实现。在 SQL Server 2017 中，T-SQL 提供的集合运算符有 UNION。

【任务分析】

使用 UNION 时，需要注意以下几点：

（1）所有 SELECT 语句中的列数必须相同。

（2）所有 SELECT 语句中按顺序对应列的数据类型必须兼容。

（3）合并后的结果集中的列名是第一个 SELECT 语句中各列的列名。如果需要为返回列指定列名，则必须在第一个 SELECT 语句中指定。

（4）使用 UNION 运算符合并结果集时，每一个 SELECT 语句本身不能包括 ORDER BY 子句或 COMPUTE 子句，只能在最后使用一个 ORDER BY 子句或 COMPUTE 子句对整个结果集进行排序或汇总，且必须使用第一个 SELECT 语句中的列名。

【完成步骤】

【例4-36】 查询school数据库,输出所有学生和教师的编号和姓名。

其语法格式如下:

```
SELECT    学号 AS 编号, 姓名 FROM 学生
UNION
SELECT    工号 AS 编号, 姓名 FROM 教师
```

【项目总结】

本项目介绍了SELECT语句的相关知识,其内容主要包括SELECT语句的组成和SE-LECT语句的各种查询方法。SELECT语句是T_SQL语言中功能最为强大、应用最为广泛的语句之一,其用于查询数据库中符合条件的记录。利用SELECT语句既可进行简单的数据查询,又可进行涉及多表的连接查询、嵌套查询和集合查询。

通过本项目学习,应该熟练掌握以下内容:

(1) SELECT语句的基本语法结构。

(2) SELECT语句的简单查询。

(3) SELECT语句的嵌套查询。

(4) SELECT语句的集合查询。

项目实训4

实训指导1　BookShop中数据简单查询

【实训目标】

掌握SELECT语句中的DISTINCT子句、TOP子句、WHERE子句以及ORDER BY子句的内容。

【需求分析】

能够熟练使用查询语句。

查询语句的语法格式如下:

```
SELECT [ALL | DISTINCT] [TOP N] 列表达式
[INTO 新表名]
FROM 表名与视图名列表
[WHERE 逻辑表达式]
```

【实训环境】

数据库BookShop运行正常。

【实训内容】

（1）查询 t_member（会员表），输出 integral（积分）大于 25 的 m_name（会员昵称）和 address（住址）。

（2）查询 t_member（会员表），输出 integral（积分）低于 20 的 m_name（会员昵称）和 address（住址），并且分别用会员昵称、住址指定别名，并将结果保存在 t_member_1 中。

（3）查询 t_member（会员表），输出 E-mail 是 QQ 邮箱的 m_name（会员昵称）和 E-mail。

（4）查询 t_orders（图书订购表），输出订购日期是 2014 年 1 月的订单的详细信息。

（5）查询 t_orders（图书订购表），输出订货的 m_id（会员编号），要求删除重复行。

（6）查询 t_books（图书表）输出 b_id（图书编号），b_name（图书名称），price（价格），查询结果按价格降序排列。

（7）查询 t_books（图书表），输出价格最低的三种图书的 b_name（图书名称）和 price（价格）。

实训指导 2　BookShop 中集合函数的应用

【实训目标】

掌握集合函数、GROUP BY 子句、HAVING 子句和 COMPUTE 子句。

【需求分析】

能够熟练使用查询语句。

查询语句的语法格式如下：

```
SELECT    ［ALL｜DISTINCT］［TOP N］列表达式
［INTO    新表名］
FROM    表名与视图名列表
［WHERE    逻辑表达式］
［GROUP BY 列名列表］
［HAVING 逻辑表达式 ］
［ORDER BY    列名 ［ASC｜DESC］］
```

【实验环境】

数据库 BookShop 运行正常。

【实验内容】

（1）查询 t_books（图书表），输出所有图书的最高价格、最低价格、平均价格。

（2）查询 t_books（图书表），输出每一类图书的数量。

（3）查询 t_books（图书表），输出每一类图书的最高价格、最低价格、平均价格。

（4）查询 t_orders（订购表），输出订购超过 3 本的会员的编号和订购数量。

（5）查询 t_orders（订购表），按照会员编号进行分组，明细汇总每个会员的订单信息及订购产品的总数量。

实训指导 3 BookShop 中多表查询和子查询的应用

【实训目标】

掌握连接查询和子查询。

【需求分析】

熟练使用多表查询和子查询。

多表连接查询语法格式如下：

SELECT ［表名.］ 目标列表达式 ［AS 别名］,…
FROM 左表名 ［AS 别名］ 连接类型 右表名 ［AS 别名］
ON 连接条件

其中，连接类型以及运算符有以下几种：
（1）CROSS JOIN：交叉连接。
（2）INNER JOIN 或 JOIN：内连接。
（3）LEFT JOIN 或 LEFT OUTER JOIN：左外连接。
（4）RIGHT JOIN 或 RIGHT OUTER JOIN：右外连接。
（5）FULL JOIN 或 FULL OUTER JOIN：完全连接。

【实训环境】

数据库 BookShop 运行正常。

【实训内容】

（1）输出所有图书的图书名称、价格以及所属类别名称。
（2）输出订购了《海的女儿》的会员的昵称和联系电话。
（3）输出订购了图书的会员昵称和联系电话。
（4）输出没人订购的图书的名称和价格。
（5）输出详细订购信息，包括订购图书的会员的昵称、联系电话，所订图书名称、数量、价格、折扣价。

项目5　视图和索引

【学习目标】

（1）掌握创建视图的方法；
（2）掌握管理视图的方法；
（3）掌握通过视图修改数据的方法；
（4）理解索引的概念；
（5）掌握创建索引的两种方式。

【技能目标】

熟练使用视图和索引。

任务 5.1　在 school 数据库中创建视图

【任务描述】

为 school 数据库创建一个视图 v_课程明细，该视图基于"课程"表和"教师"表，能够查看所有课程的课程名、学时、学分及讲授每门课程的教师的姓名和职称。

【任务分析】

基于视图带来的种种便利，可以将上面的查询内容定义成一个视图，不但方便查询，还对数据的安全性有利。

【完成步骤】

（1）利用对象资源管理器创建视图。具体操作步骤如下：

1）在【Microsoft SQL Server Management Studio】窗口的【对象资源管理器】窗口中，展开【服务器】→【数据库】→【school】→【视图】，然后单击鼠标右键，在弹出的快捷菜单中选择【新建视图】命令。

2）在【添加表】对话框中选中要用来创建视图的"课程"表和"教师"表，然后单击【添加】按钮将选中的表添加到【视图设计器】中，如图 5-1 所示。单击【关闭】按钮退出【添加表】对话框。

3）在【视图设计器】中，在上方的【关系图】窗格里选择视图中要显示的列。如果选择"＊"，则表示把数据表的所有列都放在视图中。在下面的【SQL】窗格中，会生成相应的 T_SQL 代码，如图 5-2 所示。

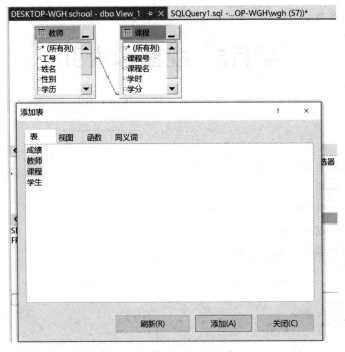

图 5-1 【添加表】对话框

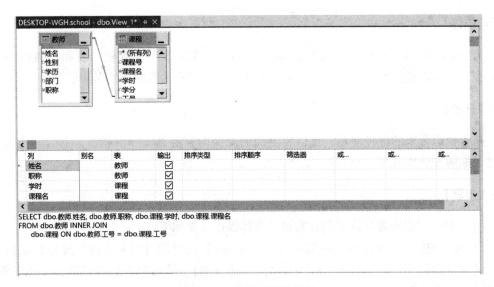

图 5-2 选择需要的字段

4）在【SQL】窗格中可以修改现有的 T_SQL 语句，修改完毕后单击工具栏上的【执行】按钮就可以在下方的【结果】窗格中看到此段代码的执行结果。

5）单击【保存】按钮，弹出【选择名称】对话框，填写视图名称"v_课程明细"，单击【确定】按钮保存并退出。

（2）利用 T_SQL 语句创建视图。利用 CREATE VIEW 语句可以创建视图，该命令的基本语法如下：

CREATE VIEW［schema_name．］view_name［（column［，…n］）］［WITH ENCRYPTION］AS SE-LECT_statement［WITH CHECK OPTION］

参数说明如下：

1）schema_name：视图所属架构名。

2）view_name：视图名。

3）column：视图中所使用的列名。

4）WITH ENCRYPTION：加密视图。

5）SELECT_statement：搜索语句。

6）WITH CHECK OPTION：强制针对视图执行的所有数据修改语句都必须符合条件。

【例 5-1】创建一个视图，用于查看网络技术专业学生的学号、姓名和性别信息，并用 WITH CHECK OPTION 强制选项。

其语法格式如下：

CREATE VIEW v_网络
AS
SELECT   学号，姓名，性别   FROM   学生
WHERE   班级 ='网络技术%'
WITH CHECK OPTION

【例 5-2】创建一个视图，用于查看学生的学号、姓名和性别信息，并修改其字段名。

其语法格式如下：

CREATE VIEW   v_学生（学生学号，学生姓名，性别）AS
SELECT   学号，姓名，性别   FROM   学生

【例 5-3】创建一个视图，用于查看学生学号、姓名、课程名和成绩信息，并用 WITH ENCRYPTION 加密。

其语法格式如下：

CREATE VIEW v_成绩   WITH ENCRYPTION AS
SELECT   学生．学号，姓名，课程名，成绩   FROM   学生，课程，成绩
WHERE   学生．学号 = 成绩．学号   AND   课程．课程号 = 成绩．课程号

【相关知识】

5.1.1 视图

数据表设计过程中需要考虑数据的冗余度低、数据一致性等问题，还需要满足范式的要求，因此造成一个实体的信息分散保存在多个表中的现象。当检索数据时，往往需要查询多个数据表才能得到想要的信息。为了解决这个问题，在 SQL Server 中提供了视图。

5.1.1.1　视图概述

数据库中的数据存储在数据表中，对数据的操作主要是通过对表操作完成的。对表操作会涉及一系列的性能、安全、效率等问题。下面对这些问题进行分析：

（1）由于数据库设计时需要考虑范式等问题，同一个业务处理需要的数据可能分布在不同的表中，并且此操作频率较高。如何提高查询的效率？

（2）基于数据的重要性，对不同的员工需要根据其工作性质和需求分配不同的数据管理权限。例如，学生只能查看自己的成绩，而教师可以查看所有学生的成绩，如何有效地解决这种不同操作人员查看表中不同数据的问题？

（3）一个报表中的数据往往来自于多个不同的表中。在设计报表时，需要明确地指定数据的来源途径。能不能采取有效手段，提高报表的设计效率？

解决上述问题的一种有效手段就是视图。视图可以把表中分散存储的数据集成起来，让操作人员通过视图而不是通过表来访问数据，提高报表的设计效率等。

5.1.1.2　视图的概念

视图是一种数据库对象，是从一个或多个基表（或视图）导出的虚拟表。视图是由一个查询所得的虚表，其结构都来自于查询的结果。不同于表的是，视图没有物理表现形式，除非为其创建一个索引，否则访问视图实质上访问的就是基表。

视图可以由数据表或其他视图生成，可以来自表和视图的一部分，也可以来自多个表和视图。视图的操作和基表类似，但是 DBMS 对视图的更新操作（INSERT、DELETE、UPDATE）往往存在一定的限制。DBMS 对视图进行的权限管理和基表也有所不同，这将在后面进行分析。

5.1.1.3　视图的类型

在 SQL Server 2017 系统中，可以把视图分成 3 种类型，即标准视图、索引视图和分区视图。介绍如下：

（1）标准视图。一般情况下，用户自己创建的用于对用户数据表进行查询、修改等操作的视图都是标准视图。它是一个虚拟表，不占物理存储空间，也不保存数据。

（2）索引视图。如果要提高聚合多行数据的视图性能，可以创建索引视图。索引视图是被物理化的视图，它包含经过计算的物理数据。

（3）分区视图。通过使用分区视图，可以连接一台或多台服务器中成员表中的分区数据，使这些数据看起来就像来自一个表中一样。

5.1.1.4　视图的特点

视图具备了数据表的一些特性，如数据表可以完成的查询、修改（虽然在修改记录时有些限制）、删除等操作，在视图中都可以完成。同时，视图也和数据表一样能成为另一个视图所引用的表。

视图使用的有以下几个优点：

（1）简化查询语句。通过视图可以将复杂的查询语句变得很简单。有些业务处理比较复杂，使用频率很高，可以考虑将复杂的查询定义为视图，这样只要执行一条简单的查询视图语句，就可避免每次重复复杂的查询操作，方便使用和管理数据。因此，视图向用户隐藏了对基表数据筛选或表与表之间连接等复杂的操作，简化了对用户操作数据的要求。

（2）增加可读性。表中的数据很多，通过定义视图可以根据不同用户的需要，选取其感兴趣的数据，将不需要的数据或者无用的数据过滤掉，视图中可以通过别名对表中字段重命名，增加可读性。视图还可以让不同的用户以不同的方式看同一个数据集内容，体现数据库的个性化要求。

（3）保证数据逻辑独立性。视图对应数据库的外模式。当视图对应的基表结构发生变化，只需要更改视图的定义即可，因此方便维护，保证了数据的逻辑独立性。

（4）简化用户权限的管理，增加数据的安全性和保密性。针对不同的业务、不同的用户，可以根据需要限制其浏览和操作的数据内容，使数据表中的数据隐藏起来，只能看到视图所提供的数据内容。另外，视图所引用的表的访问权限与视图的权限设置之间也是相互不影响的，同时视图的定义语句也可加密。

5.1.2 创建视图

用户可以根据自己的需要创建视图，且只能在当前数据库中创建视图。创建视图时，Microsoft SQL Server 首先验证视图定义中所引用的对象是否存在。

创建视图与创建数据表一样，在 SQL Server 2017 中可以使用对象资源管理器和 T_SQL 语句两种方法。

在创建或使用视图时，应该注意以下几种情况：

（1）只能在当前数据库中创建视图，在视图中最多只能引用 1024 列。

（2）如果视图引用的基表被删除，则当使用该视图时将返回一条错误信息。

（3）如果视图中某一列是函数、数学表达式、常量或来自多个表的列名相同，则必须为列命名。

（4）视图必须遵循标识符命名规则，绝不能与其所基于的表的名字相同。

（5）不能在视图说明语句中使用 SELECT INTO 语句；SELECT 语句里不能使用 ORDER BY 、COMPUTE、COMPUTE BY 子句，不能使用临时表。

（6）当通过视图查询数据时，SQL SERVER 不仅要检查视图引用的表是否存在、有效，还要验证对数据的修改是否违反了数据的完整性约束。

任务 5.2 管理 school 数据库中的视图

【任务描述】

管理视图是视图比较重要的操作之一，其中包括修改视图的定义、重命名、删除及查看视图的相关定义。此任务要求将视图"v_课程明细"中的可视字段加入"教师"表中的工号，将其重命名为"v_授课明细"，并在查看其相关属性后将其删除。

【任务分析】

以视图"v_课程明细"为例，借助对象资源管理器或者 T_SQL 语句来完成上面的操作。

【完成步骤】

(1) 修改视图定义。修改视图定义包括：

1) 利用对象管理器修改视图定义。具体操作步骤如下：

① 启动 SQL Server Management Studio。

② 在【对象资源管理器】窗格里展开 SQL Server 实例，选择【数据库】→【school】→【视图】→【v_课程明细】，单击鼠标右键，从弹出的快捷菜单中选择【设计】命令，出现【视图设计器】，在"教师"表中添加【工号】，如图 5-3 所示。

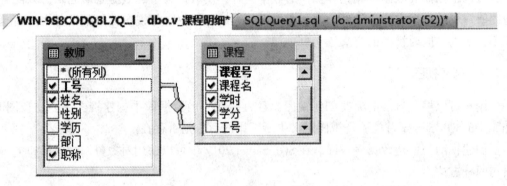

图 5-3 修改视图定义

修改完成后，单击【保存】按钮，SQL Server 数据库引擎会依据用户的设置完成并保存视图的修改。

2) 利用 T_SQL 语句修改视图定义。利用 T_SQL 的 ALTER VIEW 语句可以修改视图定义，该命令的基本语法如下：

ALTER VIEW [schema_name .] view_name [(column [, ...n])]

[WITH ENCRYPTION] AS SELECT_statement [WITH CHECK OPTION]

其中，参数的含义与创建视图 CREATE VIEW 命令中的参数含义相同。

【例 5-4】修改视图 v_网络定义，增加查看学生班级信息。

其语法格式如下：

```
ALTER VIEW v_网络    AS
SELECT   学号, 姓名, 性别, 班级  FROM  学生
WHERE    班级='网络技术%'
WITH CHECK OPTION
```

【例 5-5】修改视图 v_成绩定义, 去除加密性。

其语法格式如下:

```
ALTER VIEW v_成绩    AS
SELECT   学生. 学号, 姓名, 课程名, 成绩   FROM  学生, 课程, 成绩
WHERE    学生. 学号=成绩. 学号   AND   课程. 课程号=成绩. 课程号
```

(2) 视图重命名。视图重命名包括:

1) 利用对象资源管理器更名视图。具体操作步骤如下:

① 启动 SQL Server Management Studio。

② 在【对象资源管理器】窗格里, 展开 SQL Server 实例, 选择【数据库】→【school】→【视图】→【v_课程明细】, 单击鼠标右键, 从弹出的快捷菜单中选择【重命名】命令。

③ 在所要更名视图的视图名处于编辑状态时, 输入新的视图名称 "v_授课明细"。

2) 利用系统存储过程更名视图。利用系统的存储过程 sp_rename 可以对视图进行重命名, 其语法格式如下:

```
sp_rename [@objname=] 'object_name', [@newname=] 'new_name' [, [@objtype=] 'object_type']
```

参数说明如下:

① [@objname=] 'object_name' 表示现有用户对象或数据类型的名称, 如表、视图、列、存储过程、触发器、默认值、数据库、对象或规则等的名称。

② [@newname=] 'new_name' 表示对指定对象进行重命名的新名称。新命名的视图名称必须符合标识符的命名规则。

③ [@objtype=] 'object_type' 表示将要被重命名的对象的类型, 默认类型为 NULL。

【例 5-6】将视图 "v_网络" 重命名为名为 "v_网络专业"。

其语法格式如下:

```
Exec sp_rename 'v_网络', 'v_网络专业'
```

(3) 查看视图定义。查看视图定义包括:

1) 利用对象管理器查看视图定义。在 SQL Server Management Studio 中, 通过对象管理器来查看视图的定义方法与查看数据表内容的方法几乎一致。具体操作步骤如下:

① 启动 SQL Server Management Studio。

② 在【对象资源管理器】窗格里展开 SQL Server 实例, 选择【数据库】→【school】→【视图】→【v_课程明细】, 单击鼠标右键, 从弹出的快捷菜单中选择【编辑视图脚本为】→【CREATE 到】→【新查询编辑器窗口】命令。

③ 在【视图命令编辑】窗口中，显示出视图的定义，如图 5-4 所示。

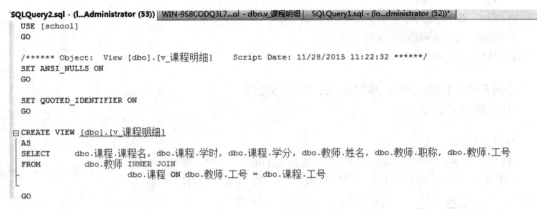

图 5-4   查看视图定义

2）利用系统存储过程查看视图定义。视图的定义和属性信息都保存在系统数据库和系统数据表中，可以通过系统提供的存储过程来获取有关视图的定义信息。参数说明如下：

① sp_help：用于返回视图的特征信息。

② sp_helptext：查看视图的定义文本。

③ sp_depends：查看视图对表的依赖关系和引用的字段。

【例 5-7】查询视图 v_网络专业的相关特征信息。

其语法格式如下：

Exec sp_help v_网络专业

【例 5-8】查询视图 v_网络专业的定义信息。

其语法格式如下：

Exec sp_helptext v_网络专业

【例 5-9】查询视图 v_网络专业的参照对象。

其语法格式如下：

Exec sp_depends v_网络专业

（4）删除视图。当不再需要一个视图时，可将其删除，以释放存储空间。删除视图的方法与删除数据表的方法类似，既可以使用对象资源管理器，也可以使用 T_SQL 语句。删除视图包括：

1）利用对象管理器删除视图。具体操作步骤如下：

① 启动 SQL Server Management Studio。

② 在【对象资源管理器】窗格里展开 SQL Server 实例，选择【数据库】→【school】→【视图】→【v_授课明细】，单击鼠标右键，然后从弹出的快捷菜单中选择【删除】命令，打开【删除对象】对话框。

③ 在【删除对象】对话框中，显示出删除视图 v_授课明细的属性信息，单击【确定】按钮即可完成删除视图操作。

2）利用 T_SQL 语句删除视图。删除视图的语法格式如下：

DROP VIEW view_name［，…n］

其中，view_name 为所要删除的视图的名称。

【例 5-10】删除视图 v_网络专业。

其语法格式如下：

DROP VIEW v_网络专业

视图删除后，只会删除视图在数据库中的定义，而与视图有关的数据表中的数据不会受到任何影响，同时由此视图导出的其他视图依然存在，但已无任何意义。

任务 5.3　利用视图管理数据

【任务描述】

查看视图"v_学生"中的数据，利用视图"v_学生"向"学生"表中添加一条新的记录，将名为"张宇婷"的学生的性别改为"女"，删除名为"王青"的学生的记录。

【任务分析】

利用视图查询数据在创建视图之后，可以通过视图对基表的数据进行管理。但是无论在什么时候对视图的数据进行管理，实际上都是在对视图对应的数据表中的数据进行管理。

【完成步骤】

（1）视图中数据查询。视图中数据查询包括：

1）利用对象管理器查询视图数据。在 SQL Server Management Studio 中查看视图数据的方法与查看数据表内容的方法几乎一致。具体操作步骤如下：

① 启动 SQL Server Management Studio。

② 在【对象资源管理器】窗格里展开 SQL Server 实例，选择【数据库】→【school】→【视图】→【v_学生】，单击鼠标右键，然后从弹出的快捷菜单中选择【编辑前 200 行】命令。

③ 在【视图编辑】窗口中显示视图【v_学生】中的数据。

2）利用 T_SQL 语句查询视图数据。在 SQL 语句里，使用 SELECT 语句可以查看视图的内容，其用法与查看数据表内容的用法一样，区别只是把数据表名改为视图名。其语法格式如下：

SELECT select_list［ INTO new_table］

FROM view_source
［WHERE search_condition］
［GROUP BY group_by_expression］
［HAVING search_condition］
［ORDER BY order_expression［ASC｜DESC］

【例 5-11】查询学号为"1001"的学生的信息。
其语法格式如下：

SELECT ＊
FROM v_学生
WHERE 学生学号='1001'

（2）利用视图插入数据。利用视图向基表插入数据时，当利用视图向基表插入行数据时，如果视图定义中包含以下任一元素，则不能插入。这些元素包括函数、GROUP BY 子句、DISTINCT 关键字、列为计算表达式和未包含非空列。

利用视图插入数据包括：

1）利用对象资源管理器插入数据。在 SQL Server Management Studio 中利用视图插入数据的方法可以参照利用数据表插入数据的方法。具体操作步骤包括：

① 启动 SQL Server Management Studio。

② 在【对象资源管理器】窗格里展开 SQL Server 实例，选择【数据库】→【school】→【视图】→【v_学生】，单击鼠标右键，然后从弹出的快捷菜单中选择【编辑前 200 行】命令。

③ 在【视图】窗口中，显示出当前视图中的数据，单击表格中最后一行，填写相应数据信息。

2）利用 T_SQL 语言插入数据。在 SQL 语句里，也是通过 INSERT 语句利用视图插入数据，其用法参照利用数据表插入数据的用法。

其语法格式如下：

INSERT INTO view_name［（column_list）］VALUES（expression）

【例 5-12】向视图 v_学生中添加一条学生记录。
其语法格式如下：

INSERT INTO v_学生（学生学号，学生姓名，性别）values（'3004'，'张三'，'男'）

（3）利用视图更新数据。当视图定义中包含组函数、GROUP BY 子句、DISTINCT 关键字、列为计算表达式时，行数据不能被更新。

利用视图更新数据包括：

1）利用对象管理器更新数据。在 SQL Server Management Studio 中视图更新数据的方法参照数据表更新数据的方法。

2）利用 T_SQL 语言更新数据。在 SQL 语句里，也是通过 UPDATE 语句更新视图中的数据的，其用法参照更新数据表中数据的用法。同时，如果视图数据来自两个或两个以上的数据表，UPDATE 语句一次只允许修改一个数据表中的数据。

其语法格式如下：

UPDATE view_name
SET column_name＝expression［，…n］［WHERE search_conditions］

参数说明如下：

① view_name：要更改数据的视图的名称。

② column_name：要更改数据所对应的字段名。

③ expression：要更新的值。

④ search_conditions：更新条件，只有满足条件的记录才会被更新，如果不设置更新条件，则更新所有记录。

【例 5-13】利用视图 v_学生，将名为"张宇婷"的学生的性别改为"女"

其语法格式如下：

UPDATE v_学生　　SET　　性别='女'　WHERE　　学生姓名='张宇婷'

（4）利用视图删除数据。当视图定义中包含组函数、GROUP BY 子句、DISTINCT 关键字时，行数据不能被删除。

利用视图删除数据包括：

1）利用对象管理器删除数据。在 SQL Server Management Studio 中删除视图中数据的方法参照数据表删除数据的方法。

2）利用 T_SQL 语言删除数据。在 T_SQL 语句里，删除视图中的数据也可利用DELETE 语句，其用法参照删除数据表中数据的用法。同时，如果视图数据来自两个或两个以上的数据表，则不允许删除该视图数据。

其语法格式如下：

DELETE FROM view_name［WHERE search_conditions］

参数说明如下：

① view_name：所要删除数据的视图的名称。

② search_conditions：删除条件，只有满足条件的记录才会被删除，如果不设置删除条件，则删除所有记录。

【例 5-14】利用视图 v_学生，删除名为"王青"的学生的记录。

其语法格式如下：

DELETE FROM v_学生　　WHERE　　学生姓名='王青'

任务 5.4　在 school 数据库中创建索引

【任务描述】

为数据库 school 中的"学生"表中"姓名"创建一个非唯一性的非聚集索引。

【任务分析】

在 SQL Server2017 中可以使用对象资源管理器和 T_SQL 语句两种方法完成创建索引。

【完成步骤】

（1）利用对象资源管理器创建索引。具体操作步骤如下：

1）在 SQL Server Management Studio 中，连接到包含默认数据库的服务器实例。

2）在【对象资源管理器】窗格中，展开【服务器】→【数据库】→【school】→【表】→【学生】节点，用鼠标右键单击【索引】节点，在弹出的快捷菜单中选择【新建索引】命令。

3）在【新建索引】窗口的【常规】页面，可以配置索引的名称、选择索引的类型、是否是唯一索引等。

4）单击【添加】按钮，打开【从"dbo. 学生"中选择列】对话框，在对话框中的【表列】中选中【姓名】复选框，如图 5-5 所示。

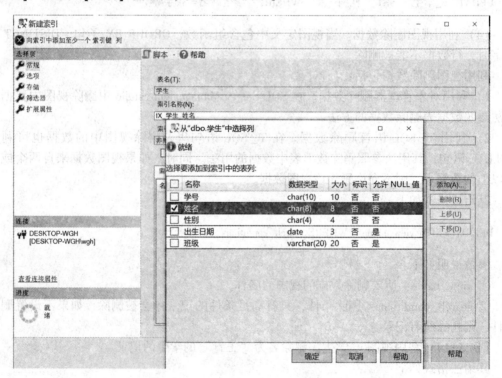

图 5-5 新建索引

（2）利用 T_SQL 语句创建索引。创建索引语法如下：

CREATE［UNIQUE］［CLUSTERED ｜ NONCLUSTERED］INDEX index_姓名

ON｛table_姓名 ｜ view_姓名｝

（column_姓名［ASC ｜ DESC］［,…n］）

［WITH［PAD_INDEX］

[[,] FILLFACTOR = fillfactor]

[[,] IGNORE_DUP_KEY]

[[,] DROP_EXISTING]

[[,] STATISTICS_NORECOMPUTE]

[[,] SORT_IN_TEMPDB]]

[ON filegroup]

参数说明如下：

1）UNIQUE：用于指定为表或视图创建唯一索引。

2）CLUSTERED：用于指定创建的索引为聚集索引。

3）NONCLUSTERED：用于指定创建的索引为非聚集索引。

4）index_姓名：用于指定所创建的索引名称。

5）table_姓名：用于指定创建索引的表名称。

6）view_姓名：用于指定创建索引的视图名称。

7）ASC | DESC：用于指定某个具体索引列的升序或降序排序方式。

8）column_姓名：用于指定被索引的列。

9）FILLFACTOR：填充因子。

10）DROP_EXISTING：用于指定应删除并重新创建同名的、先前存在的聚集索引或非聚集索引。

11）STATISTICS_NORECOMPUTE：用于指定过期的索引统计不自动重新计算。

12）SORT_IN_TEMPDB：用于指定创建索引时的中间排序结果将存储在 tempdb 数据库中。

为数据库 school 中的"学生"表中"姓名"创建一个非唯一性的非聚集索引，即：

CREATE NONCLUSTERED INDEX　IX_学生_姓名　ON　学生（姓名）

【相关知识】

5.4.1　索引概述

索引就好比书籍的目录页，当需要查看某一章节的内容的时，可以通过目录快速地找到其在书中的页码，加快查找速度。

5.4.1.1　索引的概念

在系统的应用中，对数据查询及处理速度的快慢已成为衡量应用系统成败的标准。索引是为了加快数据处理速度普遍采用的优化方法之一。

索引是 SQL Server 编排数据的内部方法，它为 SQL Server 提供一种方法来编排查询数据。索引被数据库以数据页的形式存储，类似于书籍中的目录页，通过使用索引，可以大大提高数据库的检索速度，改善数据库性能。

5.4.1.2　索引的分类

如果以存储结构来区分，则有聚集索引（Clustered Index，也称聚类索引、簇集索引）和非聚集索引（Nonclustered Index，也称非聚类索引、非簇集索引）。若以数据的唯一性来区别，则有唯一索引（Unique Index）和非唯一索引（Nonunique Index）。若以键列的个数来区分，则有单列索引与多列索引。

A 聚集索引

聚集索引表记录的排列顺序与索引的排列顺序一致。其优点是查询速度快，因为一旦具有第一个索引值的纪录被找到，具有连续索引值的记录也一定紧跟其后。聚集索引的缺点是对表进行修改速度较慢，这是为了保持表中记录的物理顺序与索引的顺序一致，而把记录插入到数据页的相应位置，必须在数据页中进行数据重排，降低了执行速度。

建议使用聚集索引的场合有：

（1）此列包含有限数目的不同值；

（2）查询的结果返回一个区间的值；

（3）查询的结果返回某值相同的大量结果集。

B 非聚集索引

非聚集索引指定了表中记录的逻辑顺序，但记录的物理顺序和索引的顺序不一致。聚集索引和非聚集索引都采用了 B+树的结构，但非聚集索引的叶子层并不与实际的数据页相重叠，而采用叶子层包含一个指向表中的记录在数据页中的指针的方式。非聚集索引比聚集索引层次多，添加记录不会引起数据顺序的重组。

建议使用非聚集索引的场合有：

（1）此列包含了大量数目的不同值；

（2）查询的结束返回的是少量的结果集；

（3）ORDER BY 子句中使用了该列。

5.4.1.3 索引的优缺点

索引的优缺点包括：

（1）加快访问速度。

（2）加强行的唯一性。

（3）带索引的表在数据库中需要更多的存储空间。

（4）操纵数据的命令需要更长的处理时间，因为它们需要对索引进行更新。

5.4.2 创建索引

5.4.2.1 创建索引的规则

创建索引的规则如下：

（1）当表中数据较少，或者表中数据更新频繁的情况下，不适宜创建索引，因为这样不但会影响插入、删除、更新数据的性能，也会使维护索引的时间增加，更会降低系统的维护速度。

（2）对于经常需要搜索的列可以创建索引，包括主键列和频繁使用的外键列。

（3）在经常需要根据范围进行查询的列上或经常需要排序的列上创建索引时，索引已经排序，其指定的范围是连续的。因此可以利用索引的排序从而节省查询时间。

5.4.2.2 创建索引的方法

在 SQL Server 2017 中，索引可以由系统自动创建，也可以由用户手动创建。

（1）系统自动创建索引。系统在创建表中的其他对象时可以附带地创建新索引。通常情况下，在创建 UNIQUE 约束或 PRIMARY KEY 约束时，SQL Server 会自动为这些约束列创建聚集索引。

（2）用户手动创建索引。除了系统自动生成的索引外，也可以根据实际需要，使用对象资源管理器或利用 T_SQL 语句中的 CREATE INDEX 命令直接创建索引。

任务 5.5　管理索引

【任务描述】

索引创建之后，可以利用 SQL Server Management Studio 的对象资源管理器或 T_SQL 语句对索引进行管理。包括查看索引定义，修改索引定义，重命名及其删除索引等。

【任务分析】

在 SQL Server2017 中我们可以使用对象资源管理器和 T_SQL 语句两种方法完成对索引的管理。

【完成步骤】

（1）查看索引定义。查看索引定义包括：

1）利用对象资源管理器查看索引定义。具体操作步骤如下：

① 在 SQL Server Management Studio 中，连接到包含默认数据库的服务器实例。

② 在【对象资源管理器】窗格中，展开【服务器】→【数据库】→【school】→【表】→【学生】→【统计信息】，选中【IX_学生_姓名】，单击鼠标右键，在弹出的快捷菜单中选择【属性】命令。

③ 选择【统计信息信息属性–IX_学生_姓名】窗口中的【详细信息】，如图 5-6 所示。

2）使用 DBCC SHOW_STATISTICS 命令查看索引定义。其语法格式如下：

DBCC SHOW_STATISTICS（'数据库名 . 表名', '对象名'）

使用 DBCC SHOW_STATISTICS 命令查看"IX_学生_姓名"的统计信息，如图 5-7 所示。

DBCC SHOW_STATISTICS（' school. dbo. 学生', ' IX_学生_姓名'）

3）利用系统存储过程查看索引定义。利用系统提供的存储过程 sp_helpindex 可以查看索引信息。其语法格式如下：

sp_helpindex ［ @obj 姓名 = ］ ' object_姓名'

其中，［ @obj 姓名 = ］ ' object_姓名' 表示所要查看的当前数据库中表的名称。

查看"IX_学生_姓名"的统计信息。其语法格式如下：

Exec sp_helpindex IX_学生_姓名

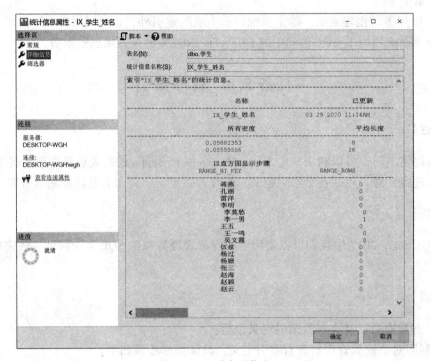

图 5-6　查看索引信息

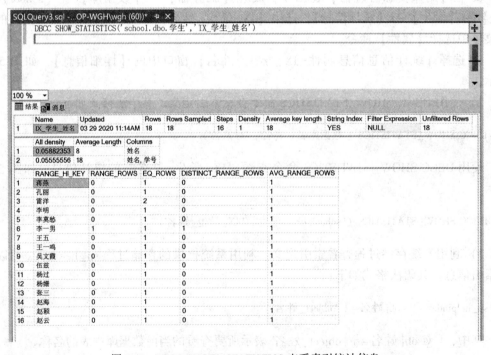

图 5-7　DBCC SHOW_STATISTICS 查看索引统计信息

（2）索引重命名。索引重命名包括：

1）利用对象资源管理器更名索引。具体操作步骤如下：

① 启动 SQL Server Management Studio。

② 在【对象资源管理器】窗格里展开 SQL Server 实例，选择【数据库】→【school】
→【表】→【dbo. 学生】→【索引】→【IX_学生_姓名】，单击鼠标右键，然后从弹出
的快捷菜单中选择【重命名】命令。

③ 所要更名索引的索引名处于编辑状态，输入新的索引名称"IX_学生_姓名 1"，如
图 5-8 所示。

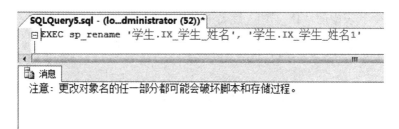

图 5-8　重命名索引

2）利用系统存储过程更名索引。将"学生表"中的索引"IX_学生_姓名"更名为
"IX_学生_姓名 1"的语法格式如下：

EXEC sp_rename '学生 . IX_学生_姓名', '学生 . IX_学生_姓名 1'

 注　意

　　更改对象名的任意一部分都有可能会破坏脚本和存储过程，所以再次重命名时可能
会出现错误。

（3）删除索引。删除索引时，要注意如下几点：

1）在删除索引后，自动释放所占用的磁盘空间。

2）不能使用 DROP INDEX 删除由主键约束和唯一性约束创建的索引，只能通过删除
约束实现删除索引。

3）删除表时，表中索引自动删除。

4）当删除一个表中的聚集索引后，该表中的全部非聚集索引自动重建。

5）不能在系统表中使用 DROP INDEX。

删除索引包括：

1）利用对象管理器删除索引。具体操作步骤如下：

① 启动 SQL Server Management Studio。

② 在【对象资源管理器】窗格里，展开 SQL Server 实例，选择【数据库】→
【school】→【表】→【dbo. 学生】→【索引】→【IX_学生_姓名 1】，单击鼠标右键，
然后从弹出的快捷菜单中选择【删除】命令，打开【删除对象】对话框。

③ 在【删除对象】对话框中，显示出删除对象的属性信息，单击【确定】按钮。

2）利用 T_SQL 语句删除索引。删除索引的语法格式如下：

DROP INDEX table_name. index_name [, …n]

或使用如下语法：

DROP INDEX <index name> ON <table or view name>

其中，index_name 为所要删除的索引的名称。删除索引时，不仅要指定索引，还必须指定索引所属的表。

删除"学生"表中的"IX_学生_姓名1"索引的语法格式如下：

DROP INDEX 学生 . IX_学生_姓名1

任务5.6 索引碎片处理

【任务描述】

分析学生表的索引情况并进行处理。

【任务分析】

索引创建后，对数据的增加、删除以及修改都可能使索引产生碎片，碎片是引起查询性能问题的来源。索引碎片有两种形式，分别为外部碎片和内部碎片。不管哪种碎片都会对查询的性能产生影响。

当索引页不在逻辑顺序上时就会产生外部碎片。索引创建时，索引键按照逻辑顺序放在一组索引页上。当新数据插入索引时，新的键可能放在存在的键之间。为了让新的键按照正确的顺序插入，可能会创建新的索引页来存储需要移动的那些存在的键。这些新的索引页通常物理上不会和那些被移动的键所在的页相邻。创建新页的过程会引起索引页偏离逻辑顺序。

当索引页没有用到最大量时就产生内部碎片。这在数据频繁插入的应用中会有帮助，但是服务器内部碎片会导致索引尺寸增加，从而在返回需要的数据时要执行额外的读操作。这些额外的读操作会降低查询的性能。

（1）索引碎片查看。SQL Server 提供了 DBCC SHOWCONTIG 命令来确定表或索引是否有碎片。具体语法如下：

```
DBCC SHOWCONTIG
[ ( {table_name | table_id | view_name | view_id }
[, index_name | index_id]
)
]
[ WITH {ALL_INDEXES
| FAST [, ALL_INDEXES]
```

| TABLERESULTS [，{ALL_INDEXES }]
[，{FAST ｜ ALL_LEVELS }]
}
]

（2）索引碎片处理。如果产生了碎片，可以通过 ALTER INDEX 对索引进行维护，该语句通过重新组织索引或重新生成索引来修复索引碎片。ALTER INDEX 语句的语法形式如下：

ALTER INDEX index_name ON table_or_view_name REBUILD ｜ RGORGANIZE

【完成步骤】

（1）查看索引的碎片信息。其语法格式如下：

SET NOCOUNT ON
USE school
DBCC SHOWCONTIG（学生，IX_学生_姓名）

信息显示如图 5-9 所示。

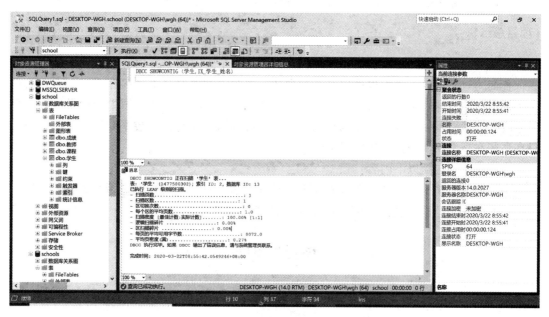

图 5-9 索引碎片显示

以下对图 5-9 中显示的信息进行说明：

1）扫描页数。如果扫描页数明显比估计的页数要高，说明存在内部碎片。

2）扫描扩展盘区数。扫描扩展盘区数是扫描页数除以 8，四舍五入到下一个的最高值。该值应该和 DBCC SHOWCONTIG 返回的扫描扩展盘区数一致。如果 DBCC SHOW-CONTIG 返回的数高，说明存在外部碎片。

3）扩展盘区开关数。该数应该等于扫描扩展盘区数减 1。高了则说明有外部碎片。

4）每个扩展盘区上的平均页数。该数是扫描页数除以扫描扩展盘区数，一般是 8。小于 8 说明有外部碎片。

5）扫描密度。该百分比应该尽可能靠近 100%。低了则说明有外部碎片。

6）逻辑扫描碎片。逻辑扫描碎片无序页的百分比。该百分比应该在 0~10%，高了则说明有外部碎片。

7）扩展盘区扫描碎片。无序扩展盘区在扫描索引叶级页中所占的百分比。该百分比应该是 0%，高了则说明有外部碎片。

8）每页上的平均可用字节数：所扫描的页上的平均可用字节数。越高说明有内部碎片。

9）平均页密度（完整）：每页上的平均可用字节数的百分比的相反数。低的百分比说明有内部碎片。

（2）重建索引。根据以上信息及说明，如果判断索引有碎片，则可以发出以下命令对索引进行重建：

```
ALTER INDEX   IX_学生_姓名   ON   学生   REBUILD
```

重建完成即可解决索引碎片引起的查询效率问题。

【项目总结】

本项目介绍了视图和索引的相关知识。视图是一个虚拟的表，由查询返回的结果集组成，查询的对象可以是基表也可以是其他视图，视图中的数据并不是存在于视图中，而存在于被引用的数据表中，当被引用的数据表中的记录内容改变时，视图中的记录内容也会随之改变。索引是一种特殊类型的数据库对象，可以用来提高表中数据的访问速度，通常只在那些在查询条件中使用的字段上建立索引。

本项目主要包括以下内容：

（1）视图的概念和优点、视图的创建和管理，以及如何利用视图进行数据管理。

（2）索引的概念、优点、索引的创建、管理和维护。

项目实训 5

实训指导 1 BookShop 数据库视图的创建与维护

【实训目标】

掌握视图的定义、维护和使用。

【需求分析】

能够熟练使用对象资源管理器和 T_SQL 语句实现视图的定义、维护和使用。

【实训环境】

BookShop 数据库运行正常，所操作的表已经创建。

【实训内容】

（1）创建一个名为"v_图书信息"的视图，其中包含图书编号、图书名称、作者、价格和出版社信息。

（2）通过视图"v__图书信息"查询图书价格大于 50 的书籍信息。

（3）通过视图"v__图书信息"视图进行插入、修改和删除，数据由自己拟定。

（4）将视图"v__图书信息"重命名为"视图 v__图书信息 1"。

（5）删除"视图 v__图书信息 1"。

实训指导 2　BookShop 数据库索引的创建与维护

【实训目标】

掌握索引的定义、维护和使用。

【需求分析】

能够熟练使用对象资源管理器和 T_SQL 语句实现索引的定义、维护和使用。

【实训环境】

BookShop 数据库运行正常，所操作的表已经创建。

【实训内容】

（1）创建一个名为"IX_t_member_phone"的不唯一、非聚集索引。

（2）查看索引"IX_t_member_phone"的相关信息。

（3）删除索引"IX_t_member_phone"。

项目6　体验 SQL 编程

【学习目标】

(1) 了解函数、内置函数、流程控制的使用方法；
(2) 了解存储过程的基本类型，掌握执行存储过程的方法；
(3) 理解事务及游标的概念和作用；
(4) 了解触发器的概念和分类，掌握触发器的禁用和启动。

【技能目标】

(1) 创建自定义函数；
(2) 流程控制的使用；
(3) 创建、删除、修改和加密存储过程；
(4) 灵活运用事务和游标来提高系统的开发效率；
(5) 创建、执行、修改和删除触发器。

任务 6.1　内置函数的应用

【任务描述】

通过内置函数完成以下任务：
(1) 列出 1998 年之后出生的学生。
(2) 统计小于 19 岁的学生人数。
(3) 统计学生每门课程的平均成绩。

【任务分析】

SQL 编程经常要用到 SQL Server 内置的诸多函数，它们用于处理指定的数据类型并且返回相应的值。常用的内置函数及其作用见表 6-1。

表 6-1　常用内置函数

函数类别	作　　用
聚合函数	执行的操作是将多个值合并为一个值，如 COUNT、SUM、MIN 和 MAX
配置函数	是一种标量函数，可返回有关配置设置的信息
转换函数	将值从一种数据类型转换为另一种，如 CAST、CONVERT、STR
日期和时间函数	可以更改日期和时间的值，例如 TIME、GETDATE、DATEADD、YEAR

函数类别	作　　用
数学函数	执行三角、几何和其他数字运算，如 ABS、ASIN、ROUND
元数据函数	返回数据库和数据库对象的属性信息
排名函数	一种非确定性函数，可以返回分区中每一行的排名值
行集函数	返回可在 Transact-SQL 语句中表引用所在位置使用的行集
安全函数	返回有关用户和角色的信息，如 IS_MEMBER、USER_ID、USER_NAME
字符串函数	可更改 CHAR、VARCHAR、NCHAR、NVARCHAR、BINARY　等类型的值，如 ASCII、LEN、LEFT、RIGHT、SUBSTRING

【完成步骤】

（1）列出 1998 年之后出生的学生。其语法格式如下：

select ＊ from 学生 where year（出生日期）>1998

（2）统计小于 19 岁的学生人数。其语法格式如下：

Select count（＊）from 学生 where year（getdate（））－year（出生日期）+1 <19

（3）统计学生每门课程的平均成绩。其语法格式如下：

select 课程号，avg（成绩）from 成绩 group by 课程号

任务6.2　用户自定义函数

【任务描述】

编写一个自定义函数，输入学号得到学生的姓名。

【任务分析】

如果内置函数的功能不满足用户的需求，此时用户可以根据需要自定义函数。其语法格式如下：

CREATE FUNCTION［<schema name>.］<function name>
（
［<@ parameter name>［AS］［<schema name>.］<data type>［=<default value>［READONLY］］［, …n］］
）
RETURNS｛<scalar type> | TABLE［（<table definition>）］｝
［WITH［ENCRYPTION］| ［SCHEMABINDING］| ［RETURNS NULL ON NULL INPUT | CALLED ON NULL INPUT］］］|

［EXECUTE AS ｛CALLER｜SELF｜OWNER｜<' user name '>｝］

［AS］｛EXTERNAL NAME <externam method>｜

BEGIN

［<function statements>］

｛RETURN <type as defined in RETURNS clause｜RETURN（<SELECT statement>）｝

END｝［；］

【完成步骤】

CREATE FUNCTIONdbo. func_no_get_name（@ no_into char（10））

--CREATE FUNCTION 函数名称（@ 参数名 参数的数据类型）

RETURNS char（8）　--返回值的数据类型

as

BEGIN

　　declare @ result_name char（8）

　　select　@ result_name＝姓名　from　学生　where　学号＝@ no_into

　RETURN　@ result_name

END

任务 6.3　流程控制语句的使用

【任务描述】

求 1~100 的偶数和。

【任务分析】

流程控制语句对于所有编程语言来说都是不可或缺的。T-SQL 提供了许多用于控制流的语句。包括：

（1）IF…ELSE。语法格式如下：

IF <Boolean Expression>

　　<SQL statement>｜BEGIN <code series> END

［ELSE

　　<SQL statement>｜BEGIN <code series> END

其中，表达式可以是任何布尔表达式。

（2）WHILE。WHILE 语句首先测试条件是否为 TRUE，如果是，则执行循环，否则退出循环。语法格式如下：

WHILE <Boolean Expression>

　　<sql statement>

［BEGIN

[BREAK]
       <sql statement>　|　<statement block>
      [CONTINUE]
END]

（3）WAITFOR。WAITFOR 等待参数指定的操作发生后，执行下一条语句。语法格式如下：

WAITFOR
DELAY <' time '>　|　TIME <' time '>

（4）TRY/CATCH。TRY/CATCH 用于处理错误。语法格式如下：

BEGIN TRY
      {<sql statement（s）}
  END TRY
BEGIN CATCH
      {<sql statement（s）>}
END CATCH [；]

（5）CASE。CASE 通过将表达式与一组简单的表达式进行比较来确定结果。语法格式如下：

CASE <input expression>
WHEN <when expression> THEN <result expression>
[…n]
[ELSE <result expression>]
END

【完成步骤】

以下用 WHILE 循环求 1~100 的偶数和。格式语法如下：

Declare @ number smallint，@ sum smallint
Set @ number＝1
Set @ sum＝0
While @ number＜＝100
Begin
If @ number%2＝0
Begin
Set @ sum＝@ sum+@ number
End
Set @ number＝@ number+ 1
End
Print ' 1 到 100 之间偶数的和为'+ str（@ sum）
Go

任务 6.4　存储过程的创建和执行

【任务描述】

使用 T_SQL 语句在 school 数据库中创建一个名为"p_stu"的存储过程。该存储过程返回学生表中所有学生的生源地为"哈尔滨"的记录，并使用 T_SQL 语句执行该存储过程。

【任务分析】

（1）使用 T_SQL 语句创建简单的存储过程。其语法格式如下：

```
CREATE PROCEDURE procedure_name
[ WITH ENCRYPTION ]
[ WITH RECOMPILE ]
AS
sq1_statement
```

其中：
1）WITH ENCRYPTION：对存储过程进行加密。
2）WITH RECOMPILE 对存储过程重新编译。
（2）执行存储过程主要有以下两种方法：
1）在 SQL Server Management Studio 的查询编辑器中运用 T-SQL 语句执行。
2）在 SQL Server Management Studio 的对象资源管理器中直接用鼠标操作执行存储过程。

执行存储过程的 T-SQL 语句基本语法如下：

```
EXEC procedure_name
```

【完成步骤】

【例 6-1】 创建存储过程 p_stu。

在 SQL Server Management Studio 的查询编辑器中运行如下命令：

```
USE school
GO
CREATE PROCEDURE p_stu
AS
SELECT    *
FROM Student
WHERE Address='哈尔滨'
GO
```

【例 6-2】 T_SQL 语句执行存储过程。

在 SQL Server Management Studio 的查询编辑器中运用如下命令：

```
USE school
GO
EXEC p_stu
GO
```

在 SQL Server Management Studio 的对象资源管理器中执行存储过程的步骤如下：

（1）在【对象资源管理器】窗格中依次展开【数据库】→【school】→【可编程性】→【存储过程】选项，在【存储过程】列表中可以看到名为 dbo. p_stu 的存储过程。

（2）选择【dbo. p_stu】存储过程，单击鼠标右键，在弹出的快捷菜单中选择【执行存储过程】命令，会弹出【执行过程】对话框。

（3）单击【确定】按钮后，此对话框关闭，在【Microsoft SQL Server Management Studio】窗口中打开一个新的查询窗格，在编辑区显示执行的 T_SQL 语句，在结果区显示执行的结果。

任务 6.5　带输入参数的存储过程的创建和执行

【任务描述】

要使用 T_SQL 语句在 school 数据库中创建一个名为 "p_stu2" 的存储过程。该存储过程能根据给定的学生的生源地（Address）显示对应的学生表（Student）中的记录，并使用 T_SQL 语句执行该存储过程。

【任务分析】

（1）带输入参数的存储过程。输入参数是指由调用程序向存储过程传递的参数。它们在创建存储过程语句中被定义，在执行存储过程中给出相应的变量值。为了定义接受输入参数的存储过程，需要在 CREATE PROCEDURE 语句中声明一个或多个变量作为参数。其语法格式如下：

```
CREATE PROCEDURE procedure_name
@ parameter_name datatype = ［ default ］
［ with encryption ］
［ with recompile ］
AS
sql_statement
```

其中，个别参数的定义如下：

1）@ parameter_name：存储过程的参数名，必须以@ 符号为前缀。

2）datatype：参数的数据类型。

3）default：参数的默认值，如果执行存储过程时未提供该参数的变量值，则使用

default 值。

（2）执行带输入参数的存储过程。在执行语句中，通过 @ parameter_name = value 给出参数的传递值。当存储过程还有多个输入参数时，参数值可以任意顺序设定，对于允许空值和具有默认值的输入参数可以不给出参数的传递值。其语法格式如下：

```
EXEC procedure_name
[ @ parameter_name = value ]
[ , ...n ]
```

【完成步骤】

【例 6-3】创建带输入参数的存储过程。

由于使用了变量，因此需要定义该变量，把"生源地"的长度设为 40 字符串所以在 AS 之前定义变量 @ 生源地 Address varchar （40）。

在 SQL Server Management Studio 查询编辑器中运行 T_SQL 语句如下：

```
USE school
GO
CREATE PROCEDURE p_stu2
@ Addressvarchar （40）
AS
SELECT  *
FROM Student
WHERE Address = @ Address
GO
```

【例 6-4】用参数名传递参数值的方法执行存储过程 p_ stu2，分别查询生源地（Address）为"哈尔滨"和"佳木斯"的记录。

在 SQL Server Management Studio 查询编辑器中运行 T_SQL 语句如下：

```
USE school
GO
EXEC p_stu2 @ Address = '哈尔滨'
GO
EXEC p_stu2 @ Address = '佳木斯'
GO
```

任务 6.6　带输入、输出参数的存储过程的创建和执行

【任务描述】

创建存储过程 P_StuNum。要求能根据用户给定的学生生源地（Address），统计来自于该生源地的学生数量，并将数量以输出变量的形式返回给用户，并执行该存储过程。

【任务分析】

（1）带输入参数的存储过程。任务 6.2 中已经讲述，这里不再赘述。

（2）带输出参数的存储过程。如果需要从存储过程中返回一个或多个值，可以通过在创建存储过程的语句中定义输出参数来实现，为了使用输出参数，需要在 CREATE PRO-CEDURE 语句中指定 OUTPUT 关键字。

输出参数语法如下：

@ paramater_name datatype= ［ defaule ］ OUTPUT

（3）执行带输入、输出参数的存储过程。由于在存储过程 P_StuNum 中使用了参数@ Address 和@ StudentNum。因此，在测试时需要先定义相应的变量，对于输入参数@ Address 需要赋值，而输出参数@ StudentNum 无须赋值，它是在存储过程中获得返回值供用户进一步使用的。

【完成步骤】

【例 6-5】 在 SQL Server Management Studio 查询编辑器中创建存储过程 P_StuNum。

创建存储过程 P_StuNum 命令运行如下：

```
USE school
GO
CREATE PROCEDUREP_StuNum
@ Addressvarchar （40）
@ StudentNum int OUTPUT
AS
SET @ StudentNum=
（SELECT COUNT （＊）
   FROM Student
   WHERE Address=@ Address
）
PRINT @ StudentNum
GO
```

【例 6-6】 执行 P_StuNum 存储过程，在 SQL Server Management Studio 查询编辑器中运行如下命令：

```
USE school
GO
DECLARE @ Addressvarchar （40）, @ StudentNum int
SET@ Address='哈尔滨'
EXECP_StuNum @ Address , @ StudentNum
GO
```

任务 6.7 管理存储过程

【任务描述】

使用 T_SQL 语句修改存储过程 p_stu，根据用户提供的学生生源地进行查询，并要求加密，同时对其进行重命名和删除操作。

【任务分析】

（1）常用的修改存储过程方法有两种：一种是通过编写 T_SQL 语句来修改，另一种是通过 SQL Server Management Studio 中的对象资源管理器来进行修改。

其中，使用 T_SQL 语句修改存储过程是由 AFTER 语句来完成的。其语法如下：

```
AFTER PROCEDURE procedure_name
［WITH ENCRYPTION］
［WITH RECOMPILE］
AS
Sql_statement
```

（2）存储过程的重命名一般情况下都是通过 SQL Server Management Studio 中的对象资源管理器来进行的。

（3）存储过程的删除常用的方法有两种：一种是使用 T_SQL 语句来删除，另一种是使用 SQL Server Management Studio 中的对象资源管理器来删除。

通过 T_SQL 语句删除存储过程是通过 DROP 语句来实现的。

【完成步骤】

【例 6-7】 使用 T_SQL 语句修改存储过程 p_stu，在 SQL Server Management Studio 的查询编辑器中运行命令如下：

```
USE school
GO
AFTER PROCEDURE p_stu
@ Addressvarchar（40）
WITH ENCRYPTION
AS
SELECTStudentID，Name，Address
FROM Student
WHERE Address＝@ Address
GO
```

（1）在【对象资源管理器】窗格中修改存储过程。具体操作步骤如下：

1）在【Microsoft SQL Server Management Studio】窗口中的【对象资源管理器】窗格

下展开【数据库】→【school】数据库选项。

2）展开【可编程性】→【存储过程】选项，选中要进行修改的存储过程【p_stu】，单击鼠标右键，在弹出的快捷菜单中选择【修改】命令，在弹出的【修改存储过程】窗口中，直接修改该存储过程，修改后点击【保存】按钮即可。

（2）重命名存储过程。具体操作步骤如下：

1）在【Microsof SQL Server Management Studio】窗口中的【对象资源管理器】窗格中展开【数据库】，选择【school】数据库选项。

2）展开【可编程性】，选择【存储过程】选项，在存储过程列表中，选中存储过程【dbo. p_stu】，单击鼠标右键，在弹出的快捷菜单中选择【重命名】命令，输入新名称即可。

（3）通过 T_SQL 语句删除存储过程 p_stu。在 SQL Server Management Studio 查询编辑器中运行的命令如下：

```
USE school
GO
DROP    procedure p_stu
GO
```

 注 意

　　为保证任务的连贯性，存储过程 p_stu 删除后应按原样恢复。

（4）使用对象资源管理器删除存储过程。具体操作步骤如下：

1）在【Microsof SQL Server Management Studio】窗口中的【对象资源管理器】窗格下展开【数据库】→【school】数据库选项。

2）展开【可编程性】→【存储过程】选项，选中【dbo. p_stu】存储过程，单击鼠标右键，在弹出的快捷菜单中选择【删除】命令即可。

 注 意

　　为保证任务的连贯性，存储过程 p_stu 删除后应按原样恢复。

【相关知识】

6.7.1　存储过程的基本概念

　　数据库开发人员在进行数据库开发时，为了实现一定的功能，经常会将负责不同功能的语句集中起来并按照用途分别独立放置，以便能够反复调用。这些独立放置且拥有不同功能的语句块，可以被称为"过程"（Procedure）。存储过程（Stored Procedure）是一组完成特定功能的 T_SQL 语句集，经编译后存储在数据中，用户通过过程名和给出参数值来调用它们。

SQL Server 2017 的存储过程与其他程序设计语言的过程类似，具有以下特点：

（1）能够包含执行各种数据库操作的语句，并且可以调用其他存储过程。

（2）能够接受参数输入，并以输出参数的形式将多个数据值返回给调用程序（calling procedure）或批处理（batch）。

（3）向调用程序或批处理返回一个状态值，以表明成功或失败，并指出失败的原因。

6.7.2　存储过程的类型

存储过程的类型包括：

（1）系统存储过程。SQL Server 2017 中许多管理活动都是通过一种特殊的存储过程执行的，这种存储过程被称为系统存储过程。系统存储过程在 master 数据库中创建，有系统管理，所有系统存储过程的名字均以"sp_"开始。

如果过程以"sp_"开始，在当前数据库中又找不到，SQL Server 2017 就会在 master 数据库中查找；以"sp_"前缀命名的过程中引用的表如果不能在当前数据库中找到，也将在 master 数据库中查找。

当系统存储过程的参数是保留字或对象名，且对象名由数据库或拥有者名字限定时，整个名字必须包含在单引号中。一个用户要执行存储过程，必须拥有在所有数据库中执行一个系统存储过程的许可权，否则在任何数据库中都不能执行该系统存储过程。

在物理意义上，系统存储过程主要放在系统数据库 Resource 中，但在逻辑意义上，它们出现在每个数据库的 sys 架构中。在 SQL Server Management Studio 中可以查看系统存储过程。

（2）本地存储过程。本地存储过程（Local Stored Procedures）也就是用户自行创建并存储在用户数据库中的存储过程，是由用户创建的、能完成某一特定功能的可重用代码的模块或例程。用户自定义存储过程有两种类型，分别为 T_SQL 和 CLR。T_SQL 存储过程是指保存的 T_SQL 语句集合。CLR 存储过程指对 Microsoft. NET Framework 公共语言运行时方法的引用，可以接收和返回用户提供的参数。

（3）临时存储过程。临时存储过程可分为两种，分别为局部临时存储过程和全局临时存储过程。局部临时存储过程只能由创建该过程的连接使用，全局临时存储过程则可由所有连接使用。局部临时存储过程在当前会话结束时自动除去，全局临时存储过程在使用该过程的最后一个会话结束时除去，通常是在创建该过程的会话结束时。

局部临时存储过程的命名以"#"开头，全局临时存储过程的命名以"##"开头。创建临时存储过程后，局部临时存储过程的所有者是唯一可以使用该过程的用户，执行局部临时存储过程的权限不能授予其他用户。如果创建了全局临时存储过程，则所有用户均可以访问该过程，且权限不能显示废除。只有在 tempdb 数据库中具有显示 CREATE PROCE-DURE 权限的用户，才可以在该数据库中显示创建临时存储过程。

（4）远程存储过程。在 SQL Server 2017 中，远程存储过程（Remote Stored Procedure）是位于远程服务器上的存储过程，通常可以使用分布式查询和 EXECUTE 命令执行一个远程存储过程。

（5）扩展存储过程。扩展存储过程是指使用编程语言创建的外部例程，是指 Microsoft SQL Server 的实例可以动态加载和运行的 DLL。扩展存储过程直接在 SQL Server 实例的地址空间中运行，可以使用 SQL Server 扩展存储过程 API 完成编程。为了区别，扩展存储过程的名称通常以"xp_"开头。另外，扩展存储过程一定要存储在系统数据库 master 中。

6.7.3　存储过程的作用

存储过程的作用包括：

（1）通过本地存储、代码预编译和缓存技术实现高性能的数据操作。

（2）通过通用编成结构和过程实现编程框架。如果业务规则发生变化，可以通过修改存储过程来适应新的业务规则，而不必修改客户端的应用程序，这样所有调用该存储过程的应用程序就会遵循新的业务规则。

（3）通过隔离和加密的方法提高数据库的安全性。数据库用户可以通过得到权限来执行存储过程，而不必给予用户直接访问数据库对象的权限。这些对象将由存储过程来执行操作，另外，存储过程可以加密，这样用户就无法阅读存储过程的 T_SQL 语句。这些安全特性将数据结构和数据库用户隔离开来，进一步保证了数据的完整性和可靠性。

任务 6.8　创建和使用触发器

【任务描述】

在 school 数据库的"学生"表上分别创建不同类型的触发器，使读者理解和掌握不同类型触发器的创建和使用方法。

【任务分析】

创建触发器用 CREATE TRIGGER 语句。具体语法格式已在理论指导中介绍，这里不再赘述。

【完成步骤】

【例 6-8】 在 school 数据库的"学生"表上创建一个名为 stu_tri1 的 AFTER 类型触发器，当用户向"学生"表中添加一条记录时，提示"记录插入成功！"。

在 SQL Server Management Studio 查询编辑器中运行的命令如下：

```
USE school
GO
CREATE TRIGGER stu_tri1
ON 学生
AFTER INSERT
AS
    PRINT '记录插入成功！'
GO
```

触发器创建后，用户向"学生"表中插入数据时，该触发器将被执行，而且是数据先被插入表中，再执行触发器。

向表中插入测试数据，代码如下：

```
INSERT   INTO 学生
VALUES ('15050101 ', '王志远', '男', ' 19970513 ', '网络技术 1501 ')
```

运行之后，在【消息】页面上显示出"记录插入成功！"的提示，说明触发器在插入数据时已经被成功执行。

【例 6-9】 在 school 数据库中的"学生"表上创建一个名为 stu_tri2 的 INSTEAD OF 类型触发器，当用户向"学生"表中添加一条记录时，提示"此次插入操作不成功！"。同时阻止用户向"学生"表中添加此记录。

在 SQL Server Management Studio 查询编辑器中运行的命令如下：

```
USE school
GO
CREATE TRIGGER stu_tri2
ON 学生
INSTEAD OF INSERT
AS
  PRINT   '此次插入操作不成功！'
GO
```

触发器创建后，用户向"学生"表中插入数据时，该触发器将被执行，结果是该数据未插入成功，并出现相应提示。

向表中插入测试数据，代码如下：

```
INSERT INTO 学生
VALUES ('15050102 ', '李嫚', '女', ' 19971008 ', '网络技术 1501 ')
```

运行之后，在【消息】页面上显示出"此次插入操作不成功！"的提示，说明触发器已经被触发，该数据未能被插入到"学生"表中。

通过以上实例，可以发现 AFTER 类型触发器和 INSTEAD OF 触发器虽然都是在触发操作被执行时触发，但两者被触发后的执行流程是不同的，AFTER 类型触发器是在相应触发操作进行后才被执行，其执行并不直接影响原 SQL 语句的正常执行；INSTEAD OF 类型触发器是在相应触发操作进行前执行，从而替代掉原 SQL 语句，使原有 SQL 语句功能不被执行。

【例 6-10】 在 school 数据库的"学生"表上创建一个名为 stu_tri3 的触发器，该触发器将被 UPDATE 操作激活，该触发器将不允许用户修改"学生"表的"班级"列。

在 SQ Sener Management Studio 查询编辑器中运行的命令如下：

```
USE school
GO
CREATE TRIGGER stu_tri3
```

```
ON 学生
AFTER UPDATE
AS
  IF UPDATE（班级）
  BEGIN
    PRINT '禁止修改学生的班级属性！'
    ROLLBACK
  END
GO
```

该触发器被成功创建后，试着把"学生"表中学号为"15050101"的王志远同学的班级记录修改为"软件技术 1501"。

在 SQL Server Management Studio 查询编辑器中运行的命令如下：

```
USE school
GO
UPDATE 学生
SET 班级 ='软件技术'
WHERE 学号 =' 15050101 '
GO
```

通过以上实例可以发现，对"学生"表执行 UPDATE 语句时，会触发触发器，使上述更新操作被取消，因为在触发器中设定了对"班级"列的保护。但是 UPDATE 操作可以对没有建立保护的学生表中其他列进行更新，在这种情况下，该触发器依然被触发，触发器不执行取消用户更新的操作。

INSTEAD OF 类型一样适用于 UPDATE 触发器，用来阻止用户对表进行更新操作。

【例 6-11】在 school 数据库中的"学生"表上创建一个名为 stu_tri4 的触发器，该触发器将对"学生"表中删除记录的操作给出不允许执行删除操作的信息提示，并取消该操作。

在 SQL Server Management Studio 查询编辑器中运行的命令如下：

```
USE school
GO
CREATE TRIGGER stu_tri4
ON 学生
AFTER DELETE
AS
  BEGIN
    RAISERROR （'抱歉，您不能执行该删除操作'，10，1）
    ROLLBACK TRANSACTION
  END
GO
```

该触发器被成功创建后，试着将"学生"表中学号为"15050101"的王志远同学的记录删除，代码如下：

```
USE school
GO
DELETE FROM 学生
WHERE 学号=' 15050101 '
GO
```

执行后，在【消息】页面上会显示相应提示，同时【删除】操作被取消。

INSTEAD OF 类型一样适用于 DELETE 触发器，用来取消用户对表要进行的删除操作而转去执行触发器所规定的操作。

【例 6-12】在 school 数据库中的"成绩"表上创建一个名为 grade_tri 的触发器，该触发器将对"成绩"表中对成绩这个敏感字段的修改操作记录到一个日志表中。

有时候需要对敏感数据的更改进行记录跟踪。可以先创建一个日志表，然后捕获更新前后的敏感数据值，并写入到日志表中。在 SQL Server Management Studio 查询编辑器中运行的命令如下：

（1）创建日志表。代码如下：

```
create table 成绩_log（学号 char（10），成绩 int，修改时间   date）
```

（2）建立存储过程。代码如下：

```
CREATE TRIGGER grade_tri
ON 成绩
AFTER UPDATE
AS
if @@rowcount=0--为了避免占用资源，当影响行数为0时，结束触发器
    return
/*修改前*/
insert into 成绩_log（学号，成绩，修改时间）
select 学号，成绩，getdate（）from deleted
/*修改后*/
insert into 成绩_log（学号，成绩，修改时间）
select 学号，成绩，getdate（）from inserted
GO
```

该触发器被成功创建后，试着将"成绩"表中学号为"15050101"同学的成绩进行更改，代码如下：

```
USE school
GO
Update 成绩 set 成绩=78 where 学号=' 15050101 '
GO
```

此时，触发器 grade_tri 将被触发，在成绩_log 中记录下修改前和修改后的数据。

【相关知识】

6.8.1　触发器概述

6.8.1.1　触发器的概念

触发器是一种特殊类型的存储过程，当在指定表中使用 UPDATE、INSERT 或 DELETE 中的一种或多种数据修改命令对数据进行修改时，触发器就会执行。触发器可以查询其他表，而且可以包含复杂的 SQL 语句，它们主要用于强制复杂的业务规则或要求。触发器还有助于强制引用完整性，以便在添加、更新或删除表中的行时保留表之间已定义的关系。

6.8.1.2　触发器的类型与优点

A　触发器的类型

触发器可以分为 AFTER 触发器和 INSTEAD OF 触发器。

（1）AFTER 触发器。这种类型的触发器将在数据变动（UPDATE、INSERT 或 DELETE 操作）完成后才被激发。这种触发器可以用来对变动的数据进行检查，如果发现错误，将拒绝或回滚变动的数据。

（2）INSTEAD OF 触发器。其是自 SQL Sever 2000 版本后增加的功能。这种类型的触发器将在数据变动以前被激发，并取代变动数据的操作（UPDATE、INSERT 或 DELETE 操作），转而去进行触发器定义或操作。

B　触发器的优点

触发器的优点包括：

（1）强制比 CHECK 约束更复杂的数据完整性。在数据库中要实现数据的完整性约束，可以使用 CHECK 约束或触发器来实现。但是在 CHECK 约束中不允许引用其他表中的列，而触发器可以引用其他表中的列来完成数据的完整性约束。

（2）使用自定义的错误提示信息。用户有时需要在数据完整性遭到破坏或其他情况下，使用预先自定义好的错误提示信息或动态自定义的错误提示信息。通过使用触发器，用户可以捕获破坏数据完整性的操作，并返回自定义的错误提示信息。

（3）触发器可以通过数据库中的相关表进行级联更改。例如，可以在"学生"表的"学号"列上写入一个删除触发器，如果其他关联表中也有和学生表中"学号"相同的列，则可以实现当在学生表删除一个学生时，触发器自动在其他表中的各匹配行采取删除操作，从而实现相关联的表中数据保持参照完整性。

（4）比较数据库修改前后数据的状态。触发器提供了访问由 UPDATE、INSERT 或 DELETE 语句引起的数据前后状态变化的能力，用户可以在触发器中引用由于修改所影响的数据行。

（5）维护规范化数据。用户可以使用触发器来保证非规范数据库中的低级数据的完整性。维护非规范化数据与表的级联是不同的，表的级联指的是不同表之间主键和外键的关系，维护表的级联可以通过设置表的主键与外键的关系来实现。而非规范数据通常是指在表中派生、冗余的数据值，维护非规范化数据应该通过使用触发器来实现。

6.8.2   创建和应用触发器

创建触发器用 GREATE TRIGGER 语句。触发器是在用户试图对指定的表执行指定的数据修改语句时自动执行的。SQL Sever 允许为任何给定的 UPDATE、INSERT 或 DELETE 语句创建多个触发器。

GREATE TRIGGER 语句语法格式如下：

```
GREATE TRIGGER trigger_name
ON ｛table｜view｝
［ WITH ENCRYPTION ］
｛
    ｛｛FOR｜AFTER｜INSTEAD OF｝｛［DELETE］［，INSERT］［，UPDATE］｝
     ［ NOT FOR REPLICATION ］
    AS
    ［｛IF UPDATE（column）
      ［｛AND｜OR｝UPDATE（column）］
         ［…n］
    ｜IF（COLUMNS_UPDATED（）｛bitsise_operator｝updated_bitmask）
     ｛comparison_oprator｝column_bitmask［…n］
    ｝］
    sql_statement［…n］
  ｝
｝
```

参数说明如下：

（1）Trigger_name 是触发器的名称。触发器名称必须符合标示符的命名规则，并且在数据库中必须唯一。可以选择触发器名称之前是否指定触发器所有者名称。

（2）Table｜view 是在其上执行触发器的表或视图，可以选择在表或试图名称前是否指定所有者名称。

（3）WITH ENCRYPTION 用于加密 syscomments 表中包含 CREATE TRIGGER 语句文本的条目。使用 WITH ENCRYPTION 可防止将触发器作为 SQL Sever 复制的一部分发布。

（4）AFTER 指定触发器只有在触发器的 SQL 语句中指定的所有操作都已成功执行后，以及所有的引用级联操作和约束检查也成功完成后才执行此触发器。如果指定 FOR 关键字，则默认为 AFTER 触发器，不能在视图上定义 AFTER 触发器。一个表上可以定义多个 AFTER 触发器。

（5）INSTEAD OF 指定执行触发器而不是执行触发它的 SQL 语句，从而以触发器替代触发语句的操作。在表或视图上，每个 UPDATE、INSERT 或 DELETE 语句最多可以定义一个 INSTEAD OF 触发器，INSTEAD OF 触发器不能在 WITH CHECK OPTION 的可更新视图上定义。如果向指定了 WITH CHECK OPTION 选项的可更新视图添加 INSTEAD OF 触发器，则 SQL Sever 将产生一个错误。用户必须用 ALTER VIEW 删除选项后才能定义 INSTEAD OF 触发器。

（6）｛［DELETE］［，INERT］［，UPDATE］｝是指定在表或视图上执行哪些数据修改语句时将激活触发器，必须至少指定一个选项。在触发器定义中允许使用以任意顺序组合的这些关键字。如果指定的选项多于一个，则需用逗号分隔这些选项。对于 INSTEAD OF 触发器，不允许在具有 ON DELETE 级联操作引用关系的表上使用 DELETE 选项。同样，也不允许在具有 ON UPDATE 级联操作引用关系的表上使用 UPDATE 选项。

（7）NOT FOR REPLICATION 表示当复制进程更改触发器所涉及的表时，不执行该触发器。

（8）AS 是触发器要执行的操作。

（9）IF UPDATE（Column），测试在指定的列上进行的 INSERT 或 UPDATE 操作，不能用于 DELETE 操作，其功能等同于 IF、IF...ELSE 或 WHILE 语句，并且可以使用 BEGIN ...END 语句块。

（10）column 是要测试 INSERT 或 UPDATE 操作的列名。该列可以是 SQL Sever 支持的任何数据类型。

（11）IF（COLUMNS_UPDATED（））是用于测试是否插入或更新了提示的列，仅用于 INSERT 或 UPDATE 触发器中。

（12）Bitwise_operator 是用于比较计算的位运算符。

（13）updated_bitmask 是整形位掩码，表示实际更新或插入的列。

（14）comparison_operator 是比较运算符。使用等号（=）检查 updated_bitmask 中指定的所有列是否都实际进行了更新。使用大于号（>）检查 updated_bitmask 中指定的任一列或某些列是否已更新。

（15）column_bitmask 是要检查的列的整型位掩码，用来检查是否已更新或插入了这些列。

（16）Sql_statement 是触发器的条件和操作。触发器条件指定其他准则，以确定 DE-LETE、INSET 或 UPDATE 语句是否导致执行触发器操作。

6.8.2.1 INSERT 触发器

INSERT 触发器通常被用来验证被触发器监控的字段中的数据是否满足要求的标准，以确保数据完整性。这种触发器是在向指定的表中插入记录时被自动执行的。创建的 IN-SERT 触发器可以分为 AFTER 和 INSTEAD OF 两种不同类型的触发器：AFTER 类型触发器是在系统执行到 INSERT 语句时被激发，在 INSERT 语句执行完毕后再去执行触发器的相关操作；而 INSEAD OF 类型触发器是在系统执行到 INSERT 语句时被激发，但在 INSERT 语句执行前即执行触发器相关操作，而该 INSERT 语句则不再被执行。

6.8.2.2 UPDATE 触发器

在定义有 UPDATE 触发器的表上执行 UPDATE 语句时，将触发 UPDATE 触发器。用户可以通过该触发器来提示或者限制用户进行更新操作，用户也可以在 UPDATE 触发器中通过定义 IF UPDATE（Column Name）语句来实现当用户对表中特定的列更新时操作被阻止，从而来保护特定列的信息。如果用户需要实现多个特定列中的任意一列被更新时操作被阻止，则可以在触发器定义中通过使用多个 IF UPDATE（Column Name）语句在多个特定列上来分别实现。

6.8.2.3　DELETE 触发器

在定义有 DELETE 触发器的表上执行 DELETE 语句时，将触发 DELETE 触发器。

6.8.2.4　INSERTED 表和 DELETED 表

触发器中可以使用两种特殊的表，分别为 INSERTED 表和 DELETED 表。SQL Sever 自动创建和管理这些表。用户可以使用这两个临时驻留内存的表测试某些数据修改的效果及设置触发器操作的条件。然而，用户不能直接对表中的数据进行更改。

DELETED 表用于存储 DELETE 和 UPDATE 语句所影响的行的副本。在执行 DELETE 或 UPDATE 语句时，相关行从触发器表中删除，并传输到 DELETED 中。DELETED 表和触发器表通常没有相同的行。

INSERTED 表用于存储 INSERT 和 UPDATE 语句所影响的行的副本。在一个插入或更新操作中，新建行被同时添加到 INSERTED 表和触发器表中。INSERTED 表中的行是触发器表中新行的副本。

更新操作执行过程是先删除旧数据行，再插入新数据行。在对表执行更新操作时，删除的旧数据行被复制到 DELETED 表中，表中插入的新数据行被复制到 INSERTED 表中。

在定义触发器时，可以为引发触发器的操作恰当使用 INSERTED 表和 DELETED 表。虽然在测试 INSERT 时引用 DELETED 表或在测试 DELETE 时引用 INSERTED 表不会引起任何错误，但是在这种情形下这些触发器测试表中不会包含任何行。这两张表存在于高速缓存中，它们的结构与创建触发器的表的结构相同。触发器操作类型不同，创建的两张临时表的情况和记录也不同。INSERTED 和 DELETED 见表 6-2。

表 6-2　INSERTED 和 DELETED

操 作 类 型	INSERTED	DELETED
INSERT	插入的记录	不创建
DELETE	不创建	删除的记录
UPDATE	修改后的记录	修改前的记录

从表 6-2 中可以看出，对具有触发器的表进行 INSERT、DELETE 和 UPDATE 操作时，过程分别如下：

（1）INSERT 操作。插入到表中的新行被复制到 INSERTED 表中。

（2）DELETE 操作。从表中删除的行转移到了 DELETED 表中。

（3）UPDATE 操作。先从表中删除旧行，然后向表中插入新数据行。其中，删除后的旧行数据行转移到 DELETED 表中，插入表中的新数据行被复制到 INSERTED 表中。

任务 6.9　管理触发器

【任务描述】

使用系统过程和系统表查看 school 数据库中的触发器相关信息，并掌握触发器的修改、设置和删除操作的基本步骤。

【任务分析】

（1）利用三种不同的方法，查看数据库上的触发器信息。

（2）利用 sp_rename 对触发器进行重命名和修改触发器定义等修改操作。

（3）禁止和启动触发器，语法如下：

AFTER TABLE table_name

｜ENABLE｜DISABLE｝TRIGGER

｛ALL｜trigger_name［,…n］｝

其中，｛ENABLE｜DISABLE｝TRIGGER 指定启用或禁用触发器。当一个触发器被禁止时，它对表的定义依然存在；然而，当在表上执行 INSERT、UPDATA 或 DELETE 时，触发器中的操作将不执行，除非重新启用该触发器。ALL 指定启用或禁止表中所有的触发器；trigger_name 指定要启用或禁止的触发器名称。

（4）利用 DROP TRIGGER 命令删除触发器。

【完成步骤】

【例 6-13】 使用系统表 sysobjects 查数据库 school 上存在的所有触发器的相关信息。

在 SQL Server Management Studio 查询编辑器中运行的命令如下：

```
USE school
GO
SELECT name
FROM sysobjects
WHERE type=' TR '
GO
```

执行后，在【结果】页面上返回在 school 数据库中定义的所有触发器的名称。

【例 6-14】 使用系统过程 sp_helptrigger 查看"学生"表上存在的所有触发器信息。

在 SQL Server Management Studio 查询编辑器中运行的命令如下：

```
USE school
GO
EXEC sp_helptrigger 学生
GO
```

执行后，在【结果】页面上返回"学生"表上定义的所有触发器信息。

（1）使用对象资源管理器查看"学生"表的触发器 stu_tri1 的代码。操作步骤如下：

1）在 SQL Server Management Studio 的【对象资源管理器】中，展开【数据库】→【school】→【表】选项。

2）选中"学生"表，展开【触发器】选项，选中要查看的触发器"stu_tri1"，单击鼠标右键，在弹出的快捷菜单中选择【修改】命令，即可查看该触发器的定义信息。

（2）使用 sp_rename 将触发器 stu_tri 重命名为 stu_trigger1。在 SQL Server Management Studio 查询编辑器中运行的命令如下：

```
USE school
GO
EXEC sp_rename stu_tri1 , stu_trigger1
GO
```

执行后，【消息】页面出现提示"注意：更改对象名的任一部分都可能会破坏脚本和存储过程"，表示触发器重命名操作成功。

【例 6-15】修改 school 数据库中"学生"表上建立的触发器 stu_tri2，使得在用户执行删除、增加、修改等操作时，阻止本次操作，并给出相应提示。

在 SQL Server Management Studio 查询编辑器中运行的命令如下：

```
USE school
GO
AFTER TRIGGER stu_tri2
ON   学生
INSTEAD OF DELETE, INSERT, UPDATE
AS
PRINT ' 本次执行的操作无效！'
GO
```

执行后，【消息】页面出现提示"本次执行的操作无效！"，代表触发器修改成功，且已被触发。

【例 6-16】禁用 school 数据库中"学生"表上创建的所有触发器。

在 SQL Server Management Studio 查询编辑器中运行的命令如下：

```
USE school
GO
AFTER TABLE 学生 DISABLE TRIGGER ALL
GO
```

如果要重新启用"学生"表上的所有触发器，代码如下：

```
USE school
GO
AFTER TABLE 学生 ENABLE TRIGGER ALL
GO
```

用户也可以尝试一下禁用和启用"学生"表上的单个触发器。

【例 6-17】使用 DROP TRIGGER 命令删除 school 数据库中"学生"表上的触发器 stu_tri2。

在 SQL Server Management Studio 查询编辑器中运行的命令如下：

```
USE school
GO
DROP TRIGGER stu_tri2
GO
```

 注 意

为保证任务的连贯性，删除后应按原样恢复。

【相关知识】

6.9.1　查看触发器的定义

6.9.1.1　使用系统存储过程

系统存储过程 sp_help、sp_helptext 和 sp_depends 分别提供有关触发器的不同信息，即：

（1）通过 sp_help 系统存储过程，可以了解触发器的一般信息（名字、属性、类型、创建时间）。

（2）通过 sp_helptext 能够查看触发器的定义信息。

（3）通过 sp_depends 能够查看指定触发器所引用的表或指定的表所涉及的所有触发器。

6.9.1.2　使用系统表

用户还可以通过查询系统表 sysobjects 得到触发器的相关信息。例如，使用系统表 sysobjects 查看数据库学生选课数据库上存在的所有触发器相关信息。对应的 SQL 语句如下：

```
USE 学生选课
GO
SELECT name FROM sysobjects
WHERE type=' TR '
GO
```

6.9.1.3　在【对象资源管理器】中查看触发器

使用 SQL Sever Management Studio 的【对象资源管理器】窗格可以方便地查看数据库中某个表上的触发器的相关信息。展开【学生选课】→【表】→【学生】→【触发器】选项，选中要查看的触发器名并单击鼠标右键，在弹出的菜单中选择【修改】选项，即可查看和修改触发器的定义信息。

6.9.2　修改触发器

通过使用 SQL Sever Management Studio 查询分析窗口、系统存储过程或 T_SQL 命令，可以修改触发器的名称和定义文本，包括：

（1）使用 sp_rename 命令修改触发器的名称。其语法格式如下：

Sp_rename oldname，newname

其中，oldname 是指触发器原来的名字，newname 指触发器的新名字。

（2）使用 SQL Sever Management Studio 查询分析窗口，修改触发器定义文本。

（3）通过【ALTER TRIGGER】命令修改触发器的定义文本。

如果需要改变一个已经存在的触发器的定义文本，可以通过 ALTER TRIGGER 语句来实现。修改触发器的语法格式如下：

```
ALTER TRIGGER trigger_name
ON（table | view）
[ WITH ENCRYPTION ]
    {（FOR | AFTER | INSTEAD OF）{ [ DELETE ] [,] [ INSERT ] [,] [ UPDATE ] }
     [ NOT FOR REPLICATION ]
     AS
     sql_statement [ …n ]
  }
```

上述参数与创建触发器时的参数类似，其用法也类似。

（4）禁止和启用触发器。当暂时不需要使用某个触发器时，不必将其删除，可暂时将其禁用。禁用触发器后，触发器仍存在于该表上，但是，当执行相关操作时，触发器不再被激活。

禁用触发器的语法格式如下：

```
ALTER TABLE  表名称
DISABLE TRIGGER  触发器名称
```

如果要再次恢复使用某触发器，启用触发器的语法格式如下：

```
ALTER TABLE 表名称
ENABLE TRIGGER 触发器名称
```

如果要禁用或启用某个表上的所有触发器，则语法格式如下：

```
ALTER TABLE 表名称 DISABLE TRIGGER ALL
ALTER TABLE 表名称 ENABLE TRIGGER ALL
```

6.9.3　删除触发器

删除已创建的触发器有以下三种方法：

（1）使用 DROP TRIGGER 删除指定的触发器，具体语法格式如下：

```
DROP TRIGGER {trigger } [ ,…n ]
```

参数 trigger 是要删除的触发器的名称，"n" 表示可以指定多个触发器的占位符。若同时删除多个触发器则要用逗号分隔符。

（2）删除触发器所在的表时，该表上所有的触发器将被一并删除。

（3）在 SQL Sever Management Studio 中进入【对象资源管理器】窗格，找到相应的触发器并单击鼠标右键，在弹出快捷的菜单中选择【删除】命令，即可直接删除触发器。

任务 6.10　事务在 school 数据库中的应用

【任务描述】

掌握三种不同类型的事务在 school 数据库系统中的定义和使用方法。

【任务分析】

（1）自动提交事务。在自动提交模式下，当语句产生编译错误时，SQL Server 将不能建立执行计划，这样批处理中的任何语句都不会被执行；如果语句运行时遇到其他错误，则不影响之前的语句执行，仅回滚当前语句。

（2）显示事务。显示事务定义和提交的基本语句格式如下：

BEGIN　TRANSACTION［事务名 | @事务变量名］

……

COMMIT　TRANSACTION［事务名 | @事务变量名］

其中，BEGIN TRANSACTION 可以缩写为 BEGIN　TRAN；COMMIT TRANSACTION 可以缩写为 COMMIT TRAN 或 COMMIT。

（3）隐式事务。隐式事务无须像显示事务那样必须以 BEGIN TRANSACTION 语句标示事务的开始，但是隐式事务必须显式结束（即 COMMIT 或者 ROLLBACK）。

【完成步骤】

【例 6-18】打开【新建查询】，写入如下代码，针对 school 数据库中的"学生"表，做插入操作。产生编译错误的过程如下：

```
USE school
GO
INSERT INTO 学生 VALUES（'15050104'，'张三'，1，'19970628'，'网络技术 1501'）
INSERT INTO 学生 VALUES（'15050105'，'李四'，1，'19970829'，'网络技术 1501'）
INSERT INTO 学生 VALUSE（'15050106'，'王五'，1，'19970930'，'网络技术 1501'）
--语法编译错误
GO
SELECT * FROM 学生　--不会显式上面插入的任何记录
GO
```

该批处理在执行的时候，前两条 INSERT 语句没有语法错误，但是由于第三条 INSERT 语句关键词拼写错误，导致建立执行计划时发生编译错误，因此该批处理中的三条 INSERT 语句都没有被执行，因而在第二个批处理语句中没有查询到新插入的任何记录。

【例 6-19】 在查询框中输入如下代码,以针对 school 数据库的"学生"表做插入操作。

输入的代码如下:

```
USE school
GO
INSERT INTO 学生 VALUES ('15050104','张三',1,'19970628','网络技术 1501')
INSERT INTO 学生 VALUES ('15050105','李四',1,'19970829','网络技术 1501')
INSERT INTO 学生 VALUES ('15050101','王五',1,'19970930','网络技术 1501')
--键值重复错误
GO
SELECT * FROM 学生--返回带有前两个记录的结果
GO
```

该批处理执行时,前两条 INSERT 语句被提交,第三条 INSERT 语句运行时产生键值重复错误,由于前两条 INSERT 语句成功执行并提交,因此它们在运行错误之后被保留下来,在执行第二条批处理语句做查询时,可以查询到前两条记录以及第三条 INSERT 语句的错误信息。

【例 6-20】 在 school 数据库中,查询"成绩"表中学号为"15050101"学生的所有信息,并将此学生所有的课程成绩更改为"50"分。

单击【新建查询】按钮,输入如下代码:

```
USE school
GO
BEGIN TRANSACTION
SELECT 学号,课程号,成绩
FROM 成绩
WHERE 学号='15050101'
SAVE TRANSACTION after_query
UPDATE 成绩
SET 成绩=50
WHERE 学号='15050101'
IF @@ERROR! =0 OR @@ROWCOUNT=0
    BEGIN
      ROLLBACK TRANSACTION after_query--回滚到保存点
      COMMIT TRANSACTION
      PRINT '更新成绩表中学生成绩产生错误!'
      RETURN
    END
SELECT 学号,课程号,成绩
FROM 成绩
WHERE 学号='15050101'
COMMIT TRANSACTION
```

如果事务成功执行，则两条查询语句都将会被成功执行，但两次查询结果应该不一样；如果事务执行的所有操作执行有效，保存点之后的所有操作结果都被撤销了，即"成绩"表中的数据将被保持不变，这样在事务保存点之后的查询不会执行。

【例6-21】在 school 数据库中，启动并执行两个隐式事务，两个隐式事务完成向"学生"表中插入四条记录。

单击【新建查询】按钮，输入如下代码：

```
USE school
GO
SET IMPLICIT_TRANSACTIONS ON--设置连接为隐式事务模式
GO
INSERT INTO 学生 VALUES（'15050107'，'赵六'，1，'19960316'，'网络技术')
GO
INSERT INTO 学生 VALUES（'15050108'，'阮七'，1，'19960427'，'网络技术')
GO
COMMIT TRANSACTION--提交第一个隐式事务
GO
--启动第二个隐式事务
INSERT INTO 学生 VALUES（'15050109'，'孟八'，1，'19960528'，'网络技术')
GO
INSERT INTO 学生 VALUES（'15050110'，'孙九'，1，'19960629'，'网络技术')
GO
ROLLBACK TRANSACTION--回滚第二个隐式事务
GO
--返回自动事务模式，查询语句构成一个自动事务
SELECT ＊ FROM 学生
GO
```

上例定义了三个事务，第一个和第二个事务是在隐式模式下启动的。其中，第一个事务提交，第二个事务回滚。隐式模式关闭后，返回自动事务模式，自动执行并提交了第三个事务，完成查询。

【相关知识】

事务（Database Transaction）是并发控制的基本逻辑单元，也是一个操作序列，它包含了一组数据库操作命令，所有的命令作为一个整体一起向系统提交，这些操作要么都执行，要么都不执行，其是一个不可分割的工作单位。

6.10.1 事务的特性

如果某一事务执行成功，则在该事务中进行的所有数据修改均会被提交，成为数据库中的永久组成部分。如果事务遇到错误且必须取消或回滚，则事务中的所有操作均会被撤销，所有数据修改都会被恢复原状。事务具有以下 4 个基本特征：

（1）原子性（Atomicity）。事务必须是原子工作单元，对于其数据修改，要么全都执行，要么全都不执行。通常，与某个事务关联的操作具有共同的目标，并且是相互依赖的，如果系统只执行这些操作的一个子集，则可能会破坏事务的总体目标。原子性消除了系统处理操作子集的可能性。

（2）一致性（Consistency）。事务在完成时，必须使用所有的数据都保持一致状态。在相关数据库中，所有规则都必须应用于事务的修改，以保持所有数据的完整性。事务结束时，所有的内部数据结构（如 B 树索引或双向链表）都必须是正确的。某些维护一致性的责任由应用程序开发人员承担，他们必须确保应用程序已强制所有已知的完整性约束，例如，当开发关于学生成绩的应用程序时，应避免在统计过程中对成绩有任何改动。

（3）隔离性（Isolation）。由并发事务所做的修改必须与任何其他并发事务所做的修改隔离。事务查看数据时数据所处的状态，要么是另一并发事务修改它之前的状态，要么是另一事务修改它之后的状态，事务不会查看中间状态的数据。这成为可串行性，因为它能够重新装载起始数据，并且重播一系列事务，以使数据结束时的状态与原始事务执行的状态相同。当事务可序列化时，将获得最高的隔离级别。在此级别上，从一组可并行执行的事务获得的结果与通过连续运行每个事务所获得的结果相同。由于高度隔离会限制可并行执行的事务数，所以一些应用程序降低隔离级别以换取更大的吞吐量，防止数据丢失。

（4）持久性（Durability）。事务完成之后，它对于系统的影响是永久性的。该修改即使出现致命的系统故障也将一直保持。

企业级的数据库管理系统（DBMS）都有责任提供一种保证事务的物理完整性的机制。就 SQL Server 2017 而言，它具备锁定设备隔离事务、记录设备保证事务持久性等机制。因此不必关心数据库事务的物理完整性，而应该关注在什么情况下使用数据库事务，事务对性能的影响，如何使用事务等。

在通过银行网络系统从张三的账户 A 转移 10000 元资金到李四的账户 B 的交易过程中，可以清楚地体现事务的 ACID（每种属性英文名称的首字母缩写）四种属性：

（1）原子性。从账户 A 转出 10000 元，同时账户 B 应该转入 10000 元，不能出现账户 A 转出了，但账户 B 没有转入的情况。此转出和转入的操作是一体完成的。

（2）一致性。转账操作完成后，账户 A 减少的金额应该和账户 B 增加的金额是一致的。

（3）隔离性。在账户 A 完成转出操作的瞬间，往账户 A 中存入资金等操作是不允许的，必须将账户 A 转出资金的操作和往账户 A 中存入资金的操作分开来看。

（4）持久性。账户 A 转出资金的操作和账户 B 转入资金的操作一旦作为一个整体完成了，则会对账户 A 和账户 B 的资金金额产生永久影响。

当然，有些故障（例如系统故障、事务内部故障、计算机病毒等）会造成事务非正常性中断，影响数据库中数据的完整性，甚至破坏数据库，使数据库的数据部分或全部丢失。

6.10.2　事务的分类

在 SQL Server 2017 中的事务类型主要有以下几种：

（1）自动处理事务。每个单独的 T_SQL 语句就是一个自动处理事务，他不需要 BE-GINTRANSCATION 语句来标识事务开始，也不需要 COMMIT 或 ROLLBACK 语句来标识事务的结束，由系统自动开始并自动提交。比如"DELETE FROM 学生"这样一条语句，它的作用是删除【学生选课】数据库中"学生"表的所有记录，这一条语句就可以构成一个事务。删除【学生选课】数据库中"学生"表的所有记录，要么删除成功，所有记录全部都不存在，要么删除失败，所有记录仍然保留。

（2）显示事务。显示事务是指使用 T_SQL 语句显示定义的事务，即每个事务必须以 BEGIN TRANSACTION 语句来标识事务的开始，即启动事务，以 COMMIT 或 ROLLBACK 语句标识事务的结束。以 COMMIT 结束，则事务内涉及的对数据库的所有修改都将永久保存；而以 ROLLBACK 结束，则事务内涉及的对数据库的所有修改都将回滚到事务开始前的状态。因此，显示事务由用户来控制事务开始和结束。显式事务执行时间只限于当前事务的执行过程，当事务结束时，将自动返回到启动该显式事务前的事务模式下。

（3）隐式事务。隐式事务模式下，当前事务提交或回滚后，SQL Server 自动开始下一个事务。执行 SET IMPLICIT_TRANSACTIONS ON 语句，可以使 SQL Sever 进入隐式事务模式，需要关闭隐式事务时，执行 SET IMPLICIT_TRANSACTIONS OFF 语句则使 SQL Server 返回到自动处理事务模式。

当 SQL Server 连接以隐式事务模式进行操作时，数据库引擎首次执行以下语句时，都会自动启动一个隐式模式，在执行 COMMIT 或 ROLLBACK 语句之前，该隐式模式将一直保持有效。比如

1）DDL 语句：CREATE，DROP，ALTER，TABLE。

2）DML 语句：INSERT，UPDATE，DELETE，SELECE，OPEN，FETCH。

3）DCL 语句：GRANT，REVOKE。

（4）批处理级事务。只能应用多个活动结果集（MARS），在 MARS 会话中启动的 T_SQL 显式或隐式事务变为批处理事务，当批处理完成时没有提交或回滚的批处理级事务自动由 SQL Server 进行回滚。

6.10.3 事务的处理

6.10.3.1 自动提交事务

自动提交模式是 SQL Server 的默认事务管理模式。每个 T_SQL 语句在完成时，都被提交或回滚。如果一个语句成功地完成，则提交该语句；如果遇到错误，则回滚该语句。

在自动提交模式下，有时看起来 SQL Server 好像回滚了整个批处理，而不仅仅是一个 SQL 语句，这种情况下只有在遇到的错误是编译错误而不是运行错误时才会发生。编译错误将阻止 SQL Server 建立执行计划，这样批处理中的任何语句都不会执行。尽管看起来好像是产生错误之前的所有语句都被回滚了，但实际情况是该错误使批处理中的任何语句都没有执行。

6.10.3.2 显示事务

SQL Server 中显示事务也被称为用户定义的事务或用户指定的事务。可以使用 BEGIN TRANSACTION、COMMIT TRANSACTION、COMMIT WORK、ROLLBACK TRANSACTION

或 ROLLBACK WORK 语句来对显示事务进行定义、提交和回滚处理。

* 定义和提交事务

在程序中用 BEGIN TRANSACTION 命令来标识一个事务的结束。在两个命令之间的所有 T_SQL 语句被视为一个执行整体，也就是一个事务。当只有执行到命令 COMMIT TRANSACTION 的时候，该事务中对数据库的所有操作才正式生效。显示事务定义和提交的基本语句格式如下：

BEGIN TRANSACTION［事务名 | 事务变量名］

...

COMMIT TRANSACTION［事务名 | 事务变量名］

其中 BEGIN TRANSACTION 可以缩写为 BEGIN TRAN，COMMIT TRANSACTION 可以缩写为 COMMIT TRAN 或 COMMIT。

* 回滚事务

事务回滚是指将该事务已经完成的对数据库的更新操作撤销，使数据库恢复到事务执行前或某个位置。事务回滚使用 ROLLBACK TRANSACTION 命令，其基本语句格式如下：

ROLLBACK TRANSACTION［事务名 | 事务变量名 | 保存点名 | 保存点变量名］

如果要让事务回滚到指定位置，则需要在事务中设定事务保存点。所谓保存点，是指在事务中使用 T_SQL 语句在某一个位置定义一个点，点之前的事务语句不能回滚，即此点之前的语句执行被视为有效。定义保存点的基本语句格式如下所示：

SAVE TRANSACTION［保存点名 | 保存点变量名］

6.10.3.3 隐式事务

当连接以隐性事务模式进行操作时，SQL Server 数据库引擎实例将在提交或回滚当前事务后自动启动新事务。不需要描述事务的开始，只需要提交或回滚某个事务，隐性事务模式将生成连续的事务链。

在隐式事务模式，SQL Server 在没有事务存在的情况下会开始一个事务，但不会像在自动模式中那样自动执行 COMMIT 或 ROLLBACK 语句。隐式事务无须像显式事务那样必须以 BEGIN TRANSACTION 语句标识事务的开始，但是隐式事务必须显式结束（即 COMMIT 或者 ROLLBACK）。

将隐性事务模式设置为打开之后，当数据库引擎实例首次执行 ALTER、TABLE、CRE-ATE、DELETE、DROP、FETCH、GRANT、INSERT、OPEN、REVOKE、SELECT、TRUN-CATE、TABLE、UPDATE 这些语句时会自动打开一个事务。在发出 COMMIT 语句或 ROLLBACK 语句之前，该事务将一直保持有效。在第一个事务被提交或回滚之后，下次当连接执行以上任务语句时，数据库引擎实例都将自动启动一个新事务。该实例将不断地生成隐式事务链，直到隐式事务模式关闭为止。

任务6.11   通过游标实现学生信息的显示

【任务描述】

通过具体实例，学习游标在数据库当中的使用方法，包括打开、引用、关闭和释放等基本操作。

【任务分析】

（1）打开游标。T_SQL 使用 OPEN 命令打开游标，语法结构如下：

OPEN {{ [GLOBAL] cursor_name } | cursor_variable_name}

（2）使用游标。从 T_SQL 服务器游标中检索特定的一行，其基本语句格式如下：

FETCH
[[NEXT | PRIOR | FIRST | LAST
        | ABSOLUTE n
        | RELATIVE n |
]
FROM
]
cursor_name
[INTO @ variable_name [,…n]]

（3）关闭和释放游标。游标必须先关闭然后才可以释放。
关闭游标使用 CLOSE CURSOR 语句，基本语句格式如下：

CLOSE cursor_name

释放（也叫删除）游标引用使用 DEALLOCATE CURSOR 语句，基本语法格式如下：

DEALLOCATE   cursor_name

【完成步骤】

【例6-22】创建游标 stu_cursor 来逐个显示学生表中所有学生的姓名。
在 SQL Server 管理平台上单击【新建查询】按钮，输入代码如下：

DECLARE @ name varchar（10）--定义变量
DECLARE stu_cursor CURSOR--定义游标
FOR SELECT 姓名 FROM 学生
OPEN   stu_cursor--打开游标
FETCH NEXT FROM stu_cursor INTO @ name

```
PRINT '学生姓名为'+@ name
WHILE （@@FETCH_STATUS=0）
    BEGIN
        FETCH NEXT FROM stu_cursor INTO @ name
        PRINT '学生姓名为'+@ name
END
```

单击【执行】按钮后，执行上述代码，学生的"姓名"数据将会被逐行从结果集中提取。

 上述代码仅是分段代码，完整代码还应包含游标的关闭和释放操作。

【例 6-23】使用游标实现以报表形式显示 school 数据库中所有性别为 1 的学生的学号和姓名信息。

在 SQL Server 管理平台上单击【新建查询】按钮，输入如下代码：

```
DECLARE @ no char （8）, @ name char （8）
DECLARE cur CURSOR FOR
SELECT 学号, 姓名 FROM 学生 WHERE 性别=0   --声明游标
OPEN cur--打开游标
FETCH NEXT FROM cur INTO @ no, @ name--第一次提取
PRINT SPACE （4）+'---------学生表---------'
WHILE （@@FETCH_STATUS=1） --检查游标中是否有尚未提取的数据
    BEGIN
        PRINT '课程名：'+@ NO+'姓名：'+ @ name
        FETCH NEXT FROM cur INTO @ no , @ name
    END
CLOSE cur--关闭游标
DEALLOCATE cur--删除游标
GO
```

单击【执行】按钮后，执行上述代码，在【消息】栏中将会显示所有性别为 1 的学生的学号和姓名信息。

【相关知识】

6.11.1 游标的概念

在数据库操作中，游标的使用十分重要。关系数据库管理系统的实质是面向集合的，由 SELECT 语句返回的结果包括所有满足该语句 WHERE 子句中条件的记录，返回的所有记录行被称为结果集。在 SQL SERVER 中并没有一种描述表中单一记录的表达形式，除非使用 WHERE 子句来限制只有一条记录被选中，但是在前台应用程序的开发过程中，并非

总是要将整个结果集作为一个单元来有效地处理，很多情况下我们需要一种机制以便每次处理一行或部分行，因此我们必须借助于游标来对面向单条记录的数据进行处理。

一般的前台语言是面向记录的，一组变量一次只能存放一条记录。仅使用变量并不能完全满足 SQL 语句向应用程序输入数据的要求。游标是系统为用户开设的一个数据缓冲区，用来存放 SQL 语句的执行结果。就本质而言，游标实际上是一种能从包括多条数据记录的结果集中每次提取一条记录的机制。游标总是与一条 SQL 选择语句相关联，因为游标由结果集（可以是零条、一条或由相关的选择语句检索出的多条记录）和结果集中指向特定记录的游标位置组成。当决定对结果集进行处理时，必须声明一个指向该结果集的游标。如果硬要做一个类比的话，它很像 C 或 C++语言里的指针，指向了一个结果集的起始位置，或者说类似于 Java 里面的引用，或称为句柄，一个集合的句柄。用这个句柄就可以操作数据库返回的结果集，实现单行处理的效果。正是游标把作为面向集合的数据库管理系统和面向行的前台程序两者联系起来，使两个数据处理方式能够沟通。

游标通过以下方式扩展结果集的处理：

（1）允许定位在结果集的特定行。

（2）从结果集的当前位置检索一行或多行。

（3）支持对结果集中当前位置的行进行数据修改。

（4）为由其他用户对显示在结果集中的数据所做的更改提供不同级别的可见性支持。

（5）提供脚本、储存过程和触发器中用于访问结果集中数据的 T_SQL 语句。

在 SQL Server 2017 中使用游标的一般步骤如下：

（1）声明游标。使用 DECLARE CURSOR 语句声明游标。

（2）打开游标。使用 OPEN CURSOR 语句打开游标。

（3）提取游标。使用 FETCH CURSOR 语句从结果集中检索特定的一行。

（4）关闭游标。使用 CLOSE CURSOR 语句关闭游标。

（5）删除游标。使用 DEALLOCATE CURSOR 语句删除游标使用。

6.11.2 声明游标

像变量一样，游标使用前必须声明，声明游标就是定义游标的类型和属性，以及用于生成游标结果集的 SELECT 查询。游标类型有只读游标和可写游标两种，其中可写游标又分为部分可写和全部可写，部分可写只能修改数据行的部分列，全部可写是指可以修改数据行的全部列。

T_SQL 语句使用 DECLARE CURSOR 声明游标，声明游标时定义 T_SQL 服务器游标的属性，例如游标的滚动行为和用于生成游标所操作的结果集的查询。其基本语法格式如下：

DECLARE cursor_name ［INSENSITIVE］［SCROLL］CURSOR

FOR select_statement

［FOR ｛READ ONLY｜UPDATE［OF column_name［,…n］］｝］

参数含义如下：

（1）cursor_name 表示所定义的 T_SQL 服务器游标的名称。

（2）select-statement 表示定义游标结果集的标准 SELECT 语句。

（3）INSENSITIVE：表明 SQL SERVER 会将游标定义所选取出来的数据记录存放在一个临时表内（建立在 tempdb 数据库下）。对该游标的读取操作皆由临时表来应答。因此，对基本表的修改并不影响游标提取的数据，即游标不会随着基本表内容的改变而改变，也无法通过游标来更新基本表。如果不使用该保留字，那么对基本表的更新、删除都会反映到游标中。另外应该指出，当以下情况发生时，游标将自动设定 INSENSITIVE 选项：在 SELECT 语句中使用 DISTNCT、GROUP BY、HAVING UNION 语句，使用 OUTER JOIN，所选取的表没有索引，将实数值当作选取的列。

（4）SCROLL 表明所有的提取操作（如 FIRST、LAST、PRIOR，NEXT、RELATIVE、ABSOLUTE）都可用。如果不使用该保守字，那么只能进行 NEXT 提取操作。由此可见，SCROLL 极大地增加了提取数据的灵活性，可以随意读取结果集中的任一行数据记录，而不必重开游标。

（5）READ ONLY 表明不允许游标内的数据被更新。在默认状态下游标是允许被更新的。而且在 UPDATE 或 DELETE 语句的 WHERE CURRENT OF 子句中，不允许对该游标进行引用。

（6）UPDATE［OF column_name［,…n］]是指定义在游标中可被修改的列。如果不指出要更新的列，那么所有的列都将被更新。当游标被成功创建后，游标名称为该游标的唯一标识，如果在以后的存储过程、触发器或 T_SQL 脚本中使用游标，必须指定该游标的名字。

6.11.3　打开游标

声明游标之后，要想使用必须打开游标，打开游标后才能获取使用游标定义的 SELECT 语句返回的结果集，并将游标位置指向结果集的第一行前面。如果声明游标时使用的是 INSENSITIVE 关键词，表示服务器将在数据库中建立一个临时表，以存放游标将要操作的结果集的副本。如果结果集中任何一行的数据大小超过 SQL Sever 定义的最大行尺寸，则 OPEN 命令将失败，在游标被成功打开之后，@@CURSOR_ROWS 全局变量将用来记录游标内的数据行数。如果所打开的游标在声明时带有 SCROLL 或 INSENSITIVE 保留字，那么@@CURSOR_ROWS 的值为正数且为该游标的所有数据行。如果未加上这两个保留字中的一个，则@@CURSOR_ROWS 的值为-1，说明该游标内只有一条数据记录。

T_SQL 使用 OPEN 命令打开游标，其语法结构如下：

```
OPEN {{［GLOBAL］cursor_name｝｜cursor_variable_name}
```

参数含义如下：

（1）GLOBAL 表示定义游标为全局游标。

（2）cursor_name 表示声明的游标名字。如果一个全局游标和一个局部游标都使用一个游标名，则使用 GLOBAL 表明其为全局游标，否则，表明其为局部游标。

（3）cursor_variable_name 表示游标变量。当打开一个游标后时，SQL Server 首先检查声明游标的语法是否正确，如果游标声明中有变量，则将变量值带入。

6.11.4   提取游标

打开游标后，就可以从结果集中提取数据，但是用 OPEN 语句打开查询的结果集后，并不能立即利用结果集中的数据，而必须用 FETCH CURSOR 语句来提取数据。一条 FETCH 语句一次只能提取一条记录，每一次 FETCH 的执行状态，都储存在系统变量@@ fetch_status 中。如果 FETCH 执行成功，则系统变量@@ fetch_status 被设置成 0。@@ fetch _status 返回的值为-1，表示 FETCH 执行失败或此行不在结果集中。如果提取的行不存在，则@@ fetch_status 的返回值为-2。

从 T_SQL 服务器游标中检索特定的一行，其基本语句格式如下所示：

```
FETCH
[[ NEXT | PRIOR | FIRST | LAST
        | ABSOLUTE n
        | RELATIVE n |
]
FROM
]
cursor_name
[ INTO @ variable_name [ , …n]]
```

参数含义如下：

（1）NEXT 表示返回紧跟当前行之后的结果行。如果 FETCH NEXT 为对游标的第一次提取操作，则返回结果集中的第一行而不是第二行。

（2）PRIOR 表示返回紧跟当前行前面的结果行。如果 FETCH PRIOR 为对游标的第一次提取操作，则没有行返回任何记录，并且游标位置设置在第一行之前。

（3）FIRST 表示返回游标中的第一行并将其作为当前行。

（4）LAST 表示返回游标中的最后一行并将其作为当前行。

（5）ABSOLUTE n 表示如果 n 为正数，返回从游标头开始的第 n 行并将返回的行变成新的当前行。如果 n 为负数，则返回游标尾之前的第 n 行并将返回的行变成新的当前行。如果 n 为 0，则没有行返回。

（6）RELATIVE n 表示返回当前行之前或之后的第 n 行并将返回的行变成新的当前行。

（7）cursor_name：要从中提取的游标的名称。

（8）INTO @ variable_name [, …n] 表示允许将提取操作的列数据集放到局部变量中。列表中的各个变量从左到右与游标集中的相应列相关联。各变量的数据类型必须与相应的结果列的数据类型匹配。变量的数目必须与游标选择列表中的列的数目一致。

6.11.5   关闭和释放游标

游标打开以后，SQL Sever 服务器会为游标开辟一定的内存空间，用来存放游标要操作的结果集，同时游标在使用时，也会根据具体情况对某些数据进行封锁。所以在不使用游标后，一定要通知 SQL Sever 服务器将其关闭，使服务器释放结果集占用的系统资源。关闭游标使用 CLOSE CURSOR 释放当前结果集并且解除定位游标行上的游标锁定。关闭游标后，游标可以重新打开，但不允许提取和定位更新。其基本语句格式如下：

- CLOSE cursor_name

游标本身也会占用部分系统资源，所以在使用完游标后，为了回收游标占用的资源，应该将游标释放或者说删除。删除游标使用引用 DEALLOCATE CURSOR 语句。其基本语句格式如下：

- DEALLOCATE cursor_name

关闭游标和释放游标是有根本区别的，当游标使用被释放后，如要使用必须重新进行游标声明。但是关闭游标则不然，如果后面想要使用，只需打开游标就可以从游标集中提取需要的数据行。

【项目总结】

（1）存储过程是一段 T_SQL 语句，并通过 CREATE PROCEDURE 命令创建，来完成某个特定功能。在执行存储过程时，EXECUTE procedure_name 可以简写为 EXEC procedure。如果执行存储过程的语句是批处理中的第一条语句，EXECUTE 可以省略。

（2）触发器是一种特殊类型的存储过程，在某个指定的事件发生时被激活。触发器有两种类型，分别为 AFTER 触发器和 INSTEAD OF 触发器。AFTER 触发器是在触发它的语句执行完后执行；INSTEAD OF 触发器是在要执行触发它的语句时执行，对应的触发语句则不再执行。

（3）事务是包括一系列操作的逻辑工作单元，事务具有 ACID 特性。一个事务中的语句要么全部执行，要么全部不执行。使事务可以保证数据库数据的一致性。

（4）游标是一种对 SELECT 结果集执行逐行操作的数据处理技术，一个游标包括查询结果集和游标位置两个组成部分。

项目实训 6

实训指导 1　BookShop 数据库中使用一般存储过程

【实训目标】

掌握存储过程的创建和执行。

【需求分析】

在 BookShop 数据库中创建一个名为"proc_1"的存储过程，实现查询所有会员信息的功能。

【实训环境】

BookShop 数据库运行正常，并且数据表完整。

【实训内容】

参照任务 6.1 实现。

实训指导 2　删除 BookShop 数据库中的存储过程

【实训目标】

掌握存储过程的删除操作。

【需求分析】

根据实际需求，删除 BookShop 数据库中的存储过程 proc_1。

【实训环境】

BookShop 数据库中存在存储过程 proc_1。

【实训内容】

参照任务 6.4 实现。

实训指导 3　在 BookShop 数据库中创建 INSERT 触发器

【实训目标】

掌握触发器的创建和使用。

【需求分析】

在 BookShop 数据库中创建一个名为"tri_1"的触发器，实现当用户添加会员记录时给出提示信息。

【实训环境】

数据库中有 t_member 数据表。

【实训内容】

参照任务 6.5 实现。

实训指导 4　在 BookShop 数据库中利用触发器记录对敏感数据的修改

【实训目标】

掌握利用触发器记录对敏感数据的修改。

【需求分析】

在 BookShop 数据库中创建一个名为"tri_2"的触发器，实现对会员积分进行更改前后的值记录写到日志表中。

【实训环境】

数据库中有 t_member 数据表。

【实训内容】

参照例 6-12 实现。

实训指导 5　Bookshop 数据库中触发器的使用和删除

【实训目标】

掌握触发器的使用和删除。

【需求分析】

（1）在 BookShop 数据库中创建一个名为"tri_3"的触发器，实现"禁止用户修改会员编号"的功能。

（2）删除 BookShop 数据库中的触发器 tri_1。

【实验环境】

BookShop 数据库中有触发器 tri_1，tri_2。

【实训内容】

参照任务 6.6 实现。

实训指导 6　BookShop 数据库中进行一个事务处理

【实训目标】

掌握数据库中事务的基本处理原理。

【需求分析】

利用事务处理机制，删除"t_member"中会员编号为 1001 的记录信息和"t_order"中会员 1001 的相关记录，两个操作组合成一个事务进行管理。

【实训环境】

BookShop 数据库中有表 t_member，t_order。

【实训内容】

参照任务 6.7 实现。

实训指导 7 使用游标打印"BookShop"数据库中的 t_books 表内容

【实训目标】

掌握数据库中游标的使用方法。

【需求分析】

使用游标实现以报表形式显示"t_books"中价格为 20~30 之间的图书编号、图书名称和作者。

【实训环境】

BookShop 数据库中有表 t_books。

【实训内容】

参照任务 6.8 实现。

项目7　安全管理

（1）了解数据库的安全机制和 SQL Sever 数据库安全管理的内容；

（2）理解数据库安全的概念、角色的概念；

（3）掌握 SQL Sever 的两种身份验证模式的基本操作。

【技能目标】

（1）掌握 SQL Server 2017 身份验证模式的配置；

（2）掌握创建 SQL Server 2017 登录账户的方法；

（3）掌握服务器和数据库角色的设置方法；

（4）掌握数据库对象设置权限的方法。

任务 7.1　服务器安全管理

【任务描述】

假设有一个 Windows 账户"zhang"和一个 SQL server 账户"li"，使这两个账户以管理员的身份登录到服务器。

【任务分析】

Windows 账户"zhang"，采用集成验证，只要通过 Windows 认证就可以登录到数据库服务器，但是在这之前必须保证系统中已经创建了该账户。SQL server 账户"li"需要通过 SQL Server 的验证。SQL Server 验证模式下的账户，其服务器的身份验证模式必须使用 SQL Server 和 Windows 身份验证模式才可访问服务器。在创建这两个账户的时候必须给其指定 sysadmin 权限。

【完成步骤】

（1）身份验证模式的选择。在【对象资源管理器】下，用鼠标右键单击根目录，选择【属性】，在【服务器属性-WIN-9S8CODQ3L7Q】窗口中选择【安全性】→【服务器身份验证】下的【SQL server 和 Windows 身份验证模式】，如图 7-1 所示。

（2）Windows 认证模式登录账号"zhang"的建立。具体操作步骤如下：

1）在【对象资源管理器】下，用鼠标右键单击【数据库服务器实例】选择【属性】，在【服务器属性】窗口中选择【安全性】，选择【服务器身份验证】下的【SQL server 和 Windows 身份验证模式】。

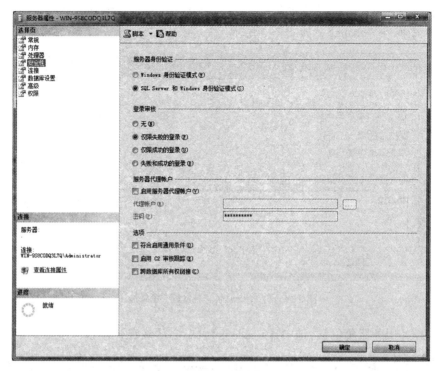

图 7-1 服务器安全性设置

2）在【对象资源管理器】下，找到【安全性】→【登录名】，用鼠标右键单击【登录名】，选择【新建登录名】，在【登录名-新建】窗口中选择【Windows 身份验证】，如图 7-2 所示。

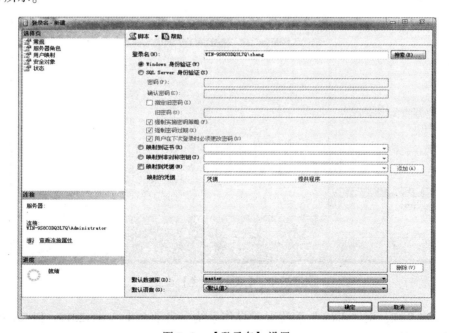

图 7-2 【登录名】设置

3）在【登录名】后选择【搜索】，在【选择用户或组】对话框中的【输入要选择的对象名称】中输入"zhang"，如图 7-3 所示。

图 7-3 搜索登录名"zhang"并添加

4）选择【服务器角色】，选中【sysadmin】，单击【确定】按钮，如图 7-4 所示。

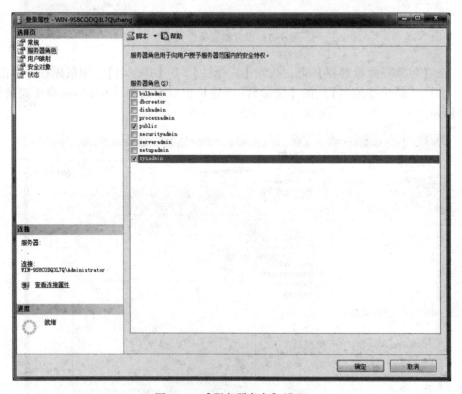

图 7-4 【服务器角色】设置

5）重启系统，用"zhang"身份登录操作系统，启动 SQL Server2017，以 Windows 身份验证方式登录。

（3）SQL Server 认证模式登录账号"li"的建立。具体操作步骤如下：

1）在【对象资源管理器】下，找到【安全性】→【登录名】，用鼠标右键单击【登录名】，在【登录名-新建】窗口中选择【SQL Server 身份验证】，在【登录名】处输入"li"，在密码和确认密码里分别输入"123456"，如图 7-5 所示。

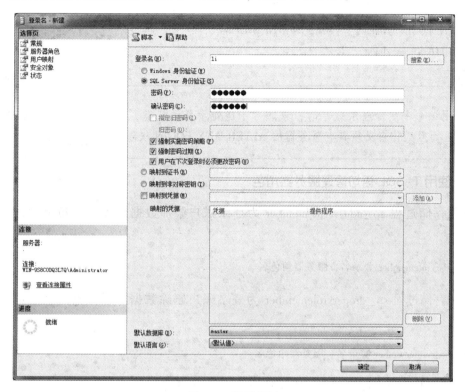

图 7-5　账号设置

2）选择【服务器角色】，选中【sysadmin】，单击【确定】按钮。

【相关知识】

7.1.1　删除"zhang"登录账户

在【对象资源管理器】下，找到【安全性】→【登录名】，用鼠标右键单击"zhang"，选择【删除】。

7.1.2　使用 T_SQL 语句建立和删除 Windows 验证模式登录账户。

【例 7-1】建立 Windows 验证模式登录账户。
其语法格式如下：

```
CREATE LOGIN Windows    用户名    FROM    Windows
```

【例 7-2】删除 Windows 验证模式登录账户。
其语法格式如下：

DROP LOGIN   登录名

【例 7-3】使用 T_SQL 语句建立和删除"zhang"。
其语法格式如下：

CREATE LOGIN Windows   ［zhang］FROM Windows
DROP LOGIN   ［zhang］

注 意

使用该命令删除登录账号时，该账号不能处于登录状态，但是可以删除映射的数据库用户，而且操作者必须具有服务器的 ALTER ANY LOGIN 权限，否则不具有操作权限。

7.1.3   使用 T-SQL 语句管理服务器角色

使用存储过程 sp_ addsrvrolemember 为登录账户添加数据库服务器角色的语法格式如下：

sp_addsrvrolemember 登录名，服务器角色名

使用存储过程 sp_ dropsrvrolemember 为登录账户删除数据库服务器角色的语法格式如下：

sp_dropsrvrolemember 登录名，服务器角色名

【例 7-4】为登录账户"zhang"添加 sysadmin 服务器角色。
其语法格式如下：

sp_addsrvrolemember ' zhang '，' sysadmin '

【例 7-5】为登录账户"zhang"删除 sysadmin 服务器角色。
其语法格式如下：

sp_dropsrvrolemember ' zhang '，' sysadmin '

7.1.4   创建 Sql Server 认证模式登录账户

创建 Sql Server 认证模式登录账户的语法格式如下：

CREATE LOGIN   登录名

7.1.5   删除 SQL Server 认证模式登录账户

删除 SQL Server 认证模式登录账户的语法格式如下：

DROP LOGIN   登录名

7.1.6　修改 SQL Server 认证模式登录账户

修改 SQL Server 认证模式登录账户的语法格式如下：

ALTER LOGIN　登录名　WITH<修改项>［,…n］

【例 7-6】创建账"li"，设置初始密码为"123456"，然后将密码修改为"456789"。
其代码如下：

```
CREATE LOGIN li with PASSWORD='123456'
GO
ALTER LOGIN li with PASSWORD='456789'
```

【例 7-7】查询当前服务器的所有登录名。
其代码如下：

```
EXEC    sp_helplogins
```

任务 7.2　数据库安全管理

【任务描述】

现有一个 Windows 账户"zhang"和一个 SQL server 账户"li"，在数据库 school 上为两个账户分别创建一个对应的数据库账户，并具有 db_owner 权限。

【任务分析】

用户在登录到服务器后，如果想具体地操作某一个特定的数据库，还得成为数据库的用户。用户可以通过获得数据库角色进一步设置管理权限。

【完成步骤】

（1）在【对象资源管理器】下，找到【安全性】→【登录名】，用鼠标右键单击【WIN-9S8CODQ3L7Q \ zhang】，选择【属性】，在登录属性窗口中选择【用户映射】，在【映射到此登录名的用户】中选【school】，在【数据库角色成员身份】中选【db_owner】，如图 7-6 所示。

（2）依照上面步骤为"li"添加访问数据库【school】访问账户，并设置【db_owner】角色。完成后在【school】的用户中会包含这两个账户，如图 7-7 所示。

【相关知识】

7.2.1　使用 T_SQL 语句管理数据库用户

创建数据库用户的语法格式如下：

```
CREATE    USER
[ {FOR | FROM}
{LOGIN 登录名}
| WITHOUT LOGIN
]
```

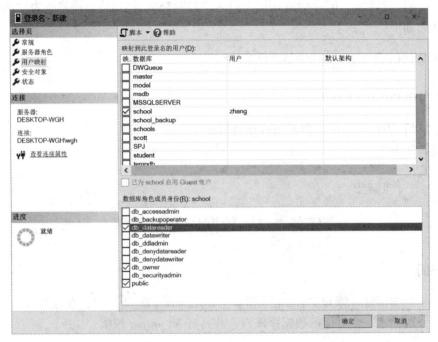

图 7-6 为账户"zhang"设置数据库【school】的映射

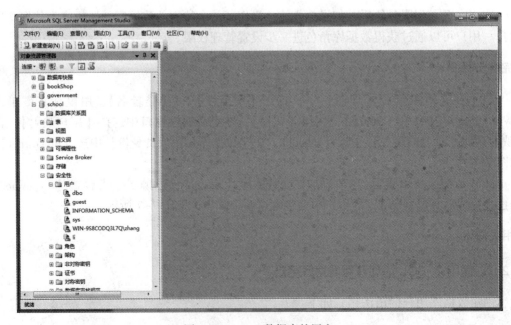

图 7-7 school 数据库的用户

【例 7-8】创建与"li"关联的数据库用户"user_li"。

其语法格式如下：

CREATE   USER   li
FOR   LOGIN   user_li

> 如果上例中关联的数据库的名字为"li"，则代码如下：
>
> CREATE   USER   li

【例 7-9】将数据库用户"user_li"更名为"new_user"。

其语法格式如下：

ALTER USER   user_li   WITH NAME＝new_user

【例 7-10】删除数据库用户。

其语法格式如下：

DROP USER 数据库用户名

【例 7-11】删除数据库用户"new_user"。

其语法格式如下：

DROP USER new_user

7.2.2   使用 T_SQL 语句管理数据库角色

使用系统存储过程 sp_addrolemember 向数据库角色中添加成员，其语法格式为：

sp_addrolemember
[＠rolename＝] ' role ',
[＠membername＝] ' security_account '

【例 7-12】把数据库的 SQL Server 用户"li"添加为【db_owner】角色成员。

其语法格式如下：

EXEC sp_addrolemember ' db_owner ', ' li '

使用 sp_droprolemember 删除当前数据库角色中的成员，其语法格式如下：

sp_droprolemember
[＠rolename＝] ' role ',
[＠membername＝] ' security_account '

【例 7-13】 删除数据库角色【db_owner】中的用户"li"。

其语法格式如下：

EXEC sp_droprolemember ' db_owner ' , ' li '

查看数据库角色及其成员的信息可以使用系统存储过程 sp_helpdbfixedrole、sp_helprole 和 sp_helpuser。

sp_helpdbfixedrole 的语法格式为：

sp_helpdbfixedrole [[@ rolename =] ' role ']

sp_helprole 的语法格式为：

sp_helprole [[@ rolename =] ' role ']

sp_helpuser 的语法格式为：

sp_helpuser [[@ name_in_db =] ' security_account ']

【例 7-14】 查看当前数据库中所有用户及【db_owner】数据库角色的信息。

其语法格式如下：

EXEC sp_helpuser
EXEC sp_helpdbfixedrole ' db_owner '

7.2.3　SQL Server 2011 的安全性

安全性是所有数据库管理系统的一个重要特征。理解安全性问题是理解数据库管理系统安全性机制的前提。SQL Server 2017 的安全性是指保护数据库中的各种数据，以防止因非法使用而造成数据的泄露和破坏。SQL Server 2017 的安全管理机制包括验证（Authentication）和授权（Authorization）两种类型。验证是指检验用户的身份标识；授权是指允许用户做些什么。验证过程在用户登录操作系统和 SQL Server 2017 的时候出现，授权过程在用户试图访问数据或执行命令的时候出现。SQL Server 2017 的安全机制分为五级：（1）客户机的安全机制；（2）网络传输的安全机制；（3）服务器级别安全机制；（4）数据库级别安全机制；（5）数据对象级别安全机制。其中第一级和第三级属于验证过程，第四级和第五级属于授权过程。第二级属于传输安全。

第一级和第三级要解决的问题是如何保证登录账户的合法性，首先必须保证客户端的安全登录问题，其次保证通过验证能够登录到数据库服务器。

在 SQL Server 2017 中，可通过身份验证模式、用户和角色解决这个问题。

（1）身份验证模式。SQL Server 2017 系统可提供以下两种身份验证模式：

1）Windows 身份验证模式。在该模式中，用户通过 Windows 用户账户连接 SQL Server 时，使用 Windows 操作系统中的账户名和密码。用户可以通过 Windows 验证连接到数据库。

2）混合模式。在混合模式中，当客户端连接到服务器时，既可能采取 Windows 身份验证，又可以采取 SQL Server 身份验证。其中的 SQL Server 身份验证由 SQL Server 自己验证账户名的可用性和密码的匹配性。

（2）用户。在数据库内，对象的全部权限和所有权由用户账户控制。

在安装 SQL Server 后，默认数据库中包含以下两个用户：

1）dbo。dbo 代表数据库的拥有者（Database Owner）。每个数据库都有 dbo 用户，创建数据库的用户是该数据库的 dbo，系统管理员也自动被映射成 dbo。

2）guest。guest 用户账号在安装完 SQL Server 系统后自动被加入 master、pubs、tempdb、和 northwind 数据库中，且不能被删除。用户自己创建的数据库默认情况下不会自动加入 guest 账号，但可以手工创建。guest 用户也可以像其他用户一样设置权限。当一个数据库具有 guest 用户账号时，允许没有用户账号的登录者访问该数据库。因此 guest 账号的设立方便了用户的使用，但如果使用不当也可能成为系统的安全隐患。

（3）角色。在 SQL Server 中，角色是管理权限的有力工具。将一些用户添加到具体某种权限的角色中，权限在用户成为角色成员时自动生效。

角色概念的引入方便了权限的管理，也使权限的分配更加灵活。角色分为服务器角色和数据库角色两种，介绍如下：

1）服务器角色具有一组固定的权限，并且适用于整个服务器范围。它们专门用于管理 SQL Server，且不能更改分配给它们的权限。可以在数据库中不存在用户账户的情况下向固定服务器角色分配登录。

2）数据库角色与本地组有点类似，其也有一系列预定义的权限，可以直接给用户指派权限，但在大多数情况下，只要把用户放在正确的角色中就会给予它们所需要的权限。一个用户可以是多个角色中的成员，其权限等于多个角色权限的和，任何一个角色中的拒绝访问权限会覆盖这个用户其他所有的权限。

当几个用户需要在某个特定的数据库中执行类似的动作时（这里没有相应的 Windows 用户组），就可以向该数据库中添加一个角色（Role）。数据库角色指定了可以访问相同数据库对象的一组数据库用户。

数据库角色的成员可以分为 Windows 用户组或用户账户、SQL Server 登录、其他角色。

SQL Server 的安全体系结构中包括了几个含有特定隐含权限的角色。除了数据库拥有者创建的角色之外，还有两类预定义的角色。这些可以创建的角色可以分为固定服务器、固定数据库、用户自定义。

由于固定服务器是在服务器层次上定义的，因此其位于从属于数据库服务器的数据库外面。所有现有的固定服务器角色见表 7-1。

表 7-1   固定服务器角色

固定服务器角色	说　明
sysadmin	执行 SQL Server 中的任何动作
serveradmin	配置服务器设置
setupadmin	安装复制和管理扩展过程

固定服务器角色	说　明
securityadmin	管理登录和 CREATE DATABASE 的权限及阅读审计
processadmin	管理 SQL Server 进程
dbcreator	创建和修改数据库
diskadmin	管理磁盘文件

不能添加、修改或删除固定服务器角色。另外，只有固定服务器角色的成员才能执行上述两个系统过程，从角色中添加或删除登录账户。

sp_addsrvrolemember 和 sp_dropsrvrolemember 两个系统过程可用来添加或删除固定服务器角色成员。

固定数据库角色在数据库层上进行定义，因此它们存在于属于数据库服务器的每个数据库中。所有的固定数据库角色见表 7-2。

表 7-2　固定数据库角色

固定数据库角色	说　明
db_owner	成员可以执行数据库的所有配置和维护活动，还可以删除数据库
db_accessadmin	成员可以为 Windows 登录名、Windows 组和 SQL Server 登录名添加或删除数据库访问权限
db_datareader	成员可以从所有用户表中读取所有数据
db_datawriter	成员可以在所有用户表中添加、删除或更改数据
db_ddladmin	成员可以在数据库中运行任何数据定义语言（DDL）命令
db_securityadmin	成员可以修改角色成员身份和管理权限。向此角色中添加主体可能会导致意外的权限升级
db_backoperator	成员可以备份数据库
db_denydatareader	不能看到数据库中任何数据的用户
db_denydatawriter	不能改变数据库中任何数据的用户

除了表 7-2 中列出的固定数据库角色之外，还有一种特殊的固定数据库角色，名为 public，这里将首先介绍这一角色。

public 角色是一种特殊的固定数据库角色，数据库的每个合法用户都属于该角色。public 角色为数据库中的用户提供了所有默认权限，这样就提供了一种机制，即给予那些没有适当权限的所有用户以一定的（通常是有限的）权限。public 角色为数据库中的所有用户都保留了默认的权限，因此是不能被删除的。

一般情况下，public 角色允许用户进行如下的操作：使用某些系统过程查看并显示 master 数据库中的信息，执行一些不需要一些权限的语句（如 PRINT）。

（4）登录、用户、角色三者联系。登录、用户、角色是 SQL Server 2017 安全机制的基础。服务器角色和登录名相对应。

数据库角色和用户是对应的，数据库角色和用户都是数据库对象，定义和删除的时候必须选择所属的数据库。一个数据库角色中可以有多个用户，一个用户也可以属于多个数据库角色。

任务 7.3   权限管理

【任务描述】

授予现有用户"zhang"在数据库 school 上具有【备份数据库】【插入】和【创建表】的权限。同时，授予用户"zhang"在【学生】表的【插入】权限。

【任务分析】

对用户"zhang"授予 school 数据库的语句权限【备份数据库】【插入】和【创建表】。在【学生】表对象权限中的【插入】权限。

【完成步骤】

（1）利用对象资源管理器授予用户或角色语句权限。具体操作步骤如下：

1）启动 SQL Server Management Studio，连接到 SQL Server 2017 数据库实例。

2）展开 SQL Server 实例，选择【数据库】→【school】命令，打开【数据库属性—school】窗口。

3）在【数据库属性—school】窗口中选择【权限】选项卡，选中用户"zhang"，找到【备份数据库】【插入】和【创建表】并选择授予，如图 7-8 所示。

图 7-8   语句权限设置

（2）利用对象资源管理器授予用户或角色对象权限。具体操作步骤如下：

1）启动 SQL Server Management Studio，连接到 SQL Server 2017 数据库实例。

2）展开 SQL Server 实例，选择【数据库】→【school】→【学生】，单击鼠标右键，在弹出的快捷菜单中选择【属性】，打开【表属性—学生】窗口。

3）在【表属性—学生】窗口中单击【权限】按钮，在【用户和角色】处搜索，找到用户"zhang"，如图 7-9 所示。

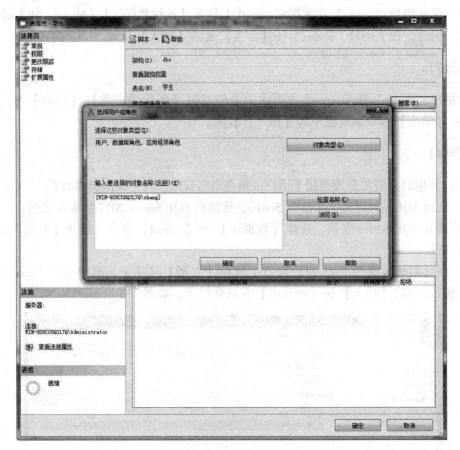

图 7-9　选择用户

4）在【权限】处授予用户"zhang"插入权限。单击【确定】按钮，完成对象权限的设置。

 注 意

　　"√"表示授予权限，"×"表示禁止权限，"空"表示撤销权限。

在选择一个特定用户或角色后，单击【列】按钮，打开【列权限】对话框，将权限控制到字段的级别。

任务7.4 权限的级联操作

【任务描述】

管理员授予了张三在成绩表上的查询权限，并允许张三将该权限转授予其他用户，张三将该权限授予了李四，管理员级联收回张三、李四的权限。

【任务分析】

SQL Server 中，语句权限不会被级联回收，但对象权限会被级联回收。级联回收采用 CASCADE 关键词。

【完成步骤】

（1）管理员授予张三在成绩表上的查询权限，并允许张三将该权限转授予其他用户：

GRANT SELECT ON 成绩 TO 张三 With Grant Option

（2）张三登录后，将该权限授予给李四：

GRANT SELECT ON 成绩 TO 李四

（3）管理员级联收回张三以及张三授予出去的权限：

REVOKE SELECT ON 成绩 FROM 张三 CASCADE

任务7.5 角色管理

【任务描述】

建立角色 srole，将表 students 上的 select, update 权限授予给该角色，将角色授予给用户"zhang"和"Wu"。

【任务分析】

角色是数据库级别的安全对象。在创建角色后，可以使用 grant、deny 和 revoke 来配置角色的数据库级权限。若要向数据库角色添加成员，可使用 alter role 命令。

【完成步骤】

（1）建立角色：CREATE ROLE srole。

（2）对角色授予权限：GRANT select, update ON students TO srole。

（3）将用户添加到角色：

ALTER ROLE srole ADD MEMBER WU

ALTER ROLE srole ADD MEMBER zhang

【相关知识】

7.5.1　使用 T_SQL 的 GRANT 语句授予用户或角色权限

（1）GRANT 语句授予对象权限的语法格式为：

```
GRANT
    {ALL [PRIVILEGES] | permission [, ... n]}
    {[(column [, ... n])] ON {table | view}
    | ON {table | view} [(column [, ... n])]
    | ON {stored_procedure | extended_procedure}
    | ON {user_defined_function}}
TO security_account [, ... n]
[WITH GRANT OPTION]
[AS {group | role}]
```

（2）GRANT 授予语句权限的语法格式为：

```
GRANT {ALL | statement [, ...n]} TO security_account [, ...n]
```

【例 7-15】使用 GRANT 语句给用户“li”授予 CREATE TABLE 的权限。
其代码如下：

```
USE school
GO
GRANT CREATE TABLE TO li
```

【例 7-16】授予角色和用户对象权限。
其代码如下：

```
USE school
GO
GRANT SELECT ON 学生
TO public
GO
GRANT INSERT, UPDATE, DELETE
ON 学生
TO zhang, li
```

【例 7-17】在当前数据库 school 中给 public 角色赋予对表学生中学号、姓名字段的 SELECT 权限。
其代码如下：

```
USE school
GO
```

GRANT SELECT

（学号，姓名）ON 学生

TO　public

7.5.2　禁止与撤销权限

禁止权限就是删除以前授予用户、组或角色的权限，禁止从其他角色继承的权限，并确保用户、组或角色将来不继承更高级别的组或角色的权限。

撤销权限用于删除用户的权限，但是撤销权限是删除曾经授予的权限，并不禁止用户、组或角色通过别的方式继承权限。如果撤销了用户的某一权限并不一定能够禁止用户使用该权限，因为用户可能通过其他角色继承这一权限。

7.5.3　禁止权限

（1）禁止语句权限语句的语法格式为：

DENY {ALL | statement [,…n] } TO security_account [,…n]

禁止对象权限语句的语法格式为：

DENY　　{ALL [PRIVILEGES] | permission [,… n] }

　　{

　　　[(column [,… n])] ON {table | view }

　　| ON {table | view } [(column [,… n])]

　　| ON {stored_procedure | extended_procedure }

　　| ON {user_defined_function }　　　　}

TO　security_account [,…n]

[CASCADE]

【例7-18】使用 DENY 语句禁止用户"li"使用 CREATE VIEW 语句。

其代码如下：

USE school

GO

DENY CREATE VIEW TO li

【例7-19】给 pubic 角色授予学生表的 SELETE 权限，再拒绝用户"li"的特定权限，以使这些用户没有对学生表的操作权限。

其代码如下：

USE school

GO

GRANT SELECT ON 学生 TO public

GO

DENY SELECT，INSERT，UPDATE，DELETE

ON 学生 TO li

GO

7.5.4 撤销以前授予或拒绝的权限

（1）撤销语句权限语句的语法格式为：

REVOKE {ALL | statement [, …n] } FROM security_account [, …n]

（2）撤销对象权限语句的语法格式为：

```
REVOKE [ GRANT OPTION FOR ]
{ALL [ PRIVILEGES ] | permission [ , …n ] }
{    [ ( column [ , …n ] ) ] ON {table | view }
     | ON {table | view } [ ( column [ , …n ] ) ]
     | ON {stored_procedure | extended_procedure }
     | ON {user_defined_function }
}
{TO | FROM } security_account [ , …n ]
[ CASCADE ]
[ AS {group | role } ]
```

【**例 7-20**】使用 REVOKE 语句撤销用户"zhang"对创建表操作的权限。
其代码如下：

```
USE school
GO
REVOKE CREATE TABLE FROM zhang
```

【**例 7-21**】撤销以前"li"授予或拒绝的 SELECT 权限。
其代码如下：

```
Use school
GO
REVOKE SELECT ON 学生 FROM li
```

7.5.5 查看权限

使用 sp_helprotect 可以查询当前数据库中某对象的用户权限或语句权限的信息。
sp_helprotect 语法格式为：

```
sp_helprotect [ [ @ name = ] ' object_statement ' ]
[ , [ @ username = ] ' security_account ' ]
[ , [ @ grantorname = ] ' grantor ' ]
[ , [ @ permissionarea = ] ' type ' ]
```

【**例 7-22**】查询"学生"表的权限。
其代码如下：

```
USE school
```

GO

EXEC sp_helprotect '学生'

7.5.6 SQL Server 权限

安全机制第五级要解决的问题是用户登录到系统后,可以使用哪些对象和资源,并执行哪些操作。在 SQL Server 2017 系统中,通过安全对象和权限设置来解决这个问题。权限是指用户对数据库中对象的使用及操作的权利,当用户连接到 SQL Server 实例后,该用户要进行的任何涉及修改数据库或访问数据的活动都必须具有相应的权限,也就是用户可以执行的操作均由其被授予的权限决定。常见的访问权限包括查询、更新、插入和删除。

SQL Server 中的权限包括以下类型:

(1)对象权限。对象权限是指用户在数据库中执行与表、视图、存储过程等数据库对象有关的操作的权限。例如,是否可以查询表或视图,是否允许在表中插入、修改或删除记录,是否可以执行存储过程等。

对象权限的主要内容有:

1)对表和视图,是否可以执行 SELECT、INSERT、UPDATE、DELETE 语句。

2)对表和视图的列,是否可以执行 SELECT、UPDATE 语句的操作,以及在实施外键约束时作为 REFERENCES 参考的列。

3)对存储过程是否可以执行 EXECUTE。

(2)语句权限。语句权限是指用户创建数据库和数据库中对象(如表、视图、自定义函数、存储过程等)的权限。例如,如果用户想要在数据库中创建表,则应该向该用户授予 CREATE TABLE 语句的权限。语句权限适用于语句自身,而不是针对数据库中的特定对象。

语句权限实际上是授予用户使用某些创建数据库对象的 T_SQL 语句的权力。只有系统管理员、安全管理员和数据库所有者才可以授予用户语句权限。用户权限分类见表7-3。

表7-3 用户权限分类表

使用语句	作　用	对象权限(指用户是否具有权限对数据库对象执行的操作)	语句权限(指用户是否具有权限来执行某一语句)
CREATE	授予用户的权限	对数据库拥有 INSERT、UPDATE、SELECT、DELETE 的权限。 例如:DENY INSERT, UPDATE, DELETE ON authors TO Mary, John, Tom	BACKUP DATABASE:备份数据库;BACEUP LOG:备份事务日志; CREATE DATABASE:创建数据库;CREATE DEFAULT:创建默认;CREATE INDEX:创建索引;CREATE PROCEDURE:创建存储过程;CREATE RULE:创建规则;CREATE TABLE:创建表;CREATE VIEW:创建视图 例如:DENY CREATE DATABASE, CREATE TABLE TO Mary, John
REVOKE	撤销用户的权限		
DENY	拒绝用户的权限		

注:1. REVOKE 表示废除,类似于拒绝。但是,废除权限是删除已授予的权限,并不妨碍用户、组或角色从更高级别继承已授予的权限。因此,如果废除用户查看表的权限,不一定能防止用户查看该表,因为已将查看该表的权限授予了用户所属的角色。

2. DENY 表示禁止权限,即在不撤销用户访问权限的情况下,禁止某个用户或角色对一个对象执行某种操作。这个权限优先于所有其他权限,拒绝给当前数据库内的安全账户授予权限并防止安全账户通过其组或角色成员资格继承权限。

（3）隐含权限。隐含权限是指系统自行预定义而不需要授权就有的权限，包括固定服务器角色、固定数据库角色和数据库对象所有者所拥有的权限。

固定角色拥有确定的权限，例如固定服务器角色 sysadmin 拥有完成任何操作的全部权限，其成员自动继承这个固定角色的全部权限。数据库对象所有者可以对所拥有的对象执行一切活动，如查看、添加或删除数据等操作，也可以控制其他用户使用其所拥有的对象的权限。

【项目总结】

（1）SQL Server 的安全模型采用为主体分配安全对象的访问权限机制。根据安全对象的级别不同，SQL Server 2017 将安全管理结构分为两个层次：服务器安全管理和数据库安全管理。

（2）在服务器安全管理阶段，SQL Server 2017 为登录账户提供两种身份验证模式，分别为 Windows 身份验证和混合模式身份验证。

（3）用户登录服务器后，可以通过将用户加入某个服务器角色中，使该用户对服务器具有该角色所具有的权限。

（4）要使登录用户对某个数据库具有权限，首先要使该登录账户成为数据库的用户，然后将该用户加入某个数据库角色中。

（5）权限是指用户对数据库中对象的使用及操作权利。SQL Server 包括隐含权限、对象权限和语句权限。通过对对象设置权限或对用户设定权限，都可以使用户具有对某个数据库对象的相应权限。

项目实训 7

实训指导 1　创建登录账户

【实训目标】

掌握使用 SQL Server Management Studdio 和 T_SQL 两种方式进行登录名的创建和删除，并将其添加到角色中。

【需求分析】

熟练创建用户，能够通过赋予不同的服务器角色设置管理权限。

【实训环境】

Windows 操作系统中有一个本地用户"user1"。

【实训内容】

（1）添加 Windows 登录用户"user1"和 SQL Server 登录用户"user2"，"user2"的密码为"123456"。

（2）为"user1""user2"添加服务器角色"dbcreator"。

实训指导2 创建 BookShop 数据库用户

【实训目标】

掌握使用 SQL Server Management Studdio 和 T_SQL 两种方式进行数据库用户的创建和删除，并将其添加到角色中。

【需求分析】

熟练创建用户，能够通过赋予不同的数据库角色设置管理权限。

【实训环境】

数据库用户必须是已经存在的登录账户。

【实训内容】

（1）为登录账户"user1"和"user2"创建其在 BookShop 数据库中的数据库用户，名字可不变。

（2）为用户"user1"分配"db_datareader"角色，为用户"user2"分配"db_datawriter"角色。

实训指导3 权限的授予和收回

【实训目标】

将 BookShop 数据库中会员表的查询权限授予给 user1，并给予 user1 转授他人的权限。User 将该权限授予给 user2。管理员将 user1 在会员表中的查询权限级联回收。

【需求分析】

熟练掌握权限的授予和回收，理解级联回收的概念。

【实训环境】

数据库用户已经存在 user1 和 user2 账户。

【实训内容】

（1）管理员为"user1"授予会员表的查询权限。

（2）用户"user1"将会员表的查询权限授予给"user2"。

（3）管理员级联收回"user1"在会员表的查询权限。

项目8　数据库的备份和还原

【学习目标】

(1) 熟悉备份和还原的概念和基本知识；
(2) 掌握三种主要的备份方法；
(3) 备份策略的制定；
(4) 常见故障的还原。

【技能目标】

(1) 可以根据实际情况制定备份策略；
(2) 能够在系统数据库遭到破坏时，及时进行恢复；
(3) 能够在程序文件、数据文件及数据遭到破坏时进行恢复；
(4) 具备对数据库进行即时点还原的能力。

任务8.1　完整数据库备份和还原

【任务描述】

现有一个小型公司，用数据库管理员工信息，员工流动性不大，岗位变化不频繁，请给该公司设置合理的备份策略。

【任务分析】

由所给信息可以分析出该公司规模不大，数据量应该很少，而且员工流动不频繁，说明数据变化不大，根据所给情况，和所知的备份类型可知，可以采用完整数据库备份。

【完成步骤】

使用 SQL Server Management Studio 工具创建完整备份。具体操作步骤如下：
(1) 打开 SQL Server Management Studio，连接服务器。
(2) 在【对象资源管理器】中，展开【数据库】节点，用鼠标右键单击【员工管理系统】数据库，在弹出的快捷菜单中选择【属性】，打开【数据库属性—员工管理系统】窗口。
(3) 在【选项】页面，确保恢复模式为完整恢复模式，如图 8-1 所示。单击【确定】按钮，应用修改结果。
(4) 用鼠标右键单击【员工管理系统】数据库，从弹出的菜单中选择【任务】→【备份】命令，打开【备份数据库—员工管理系统】窗口，如图 8-2 所示。

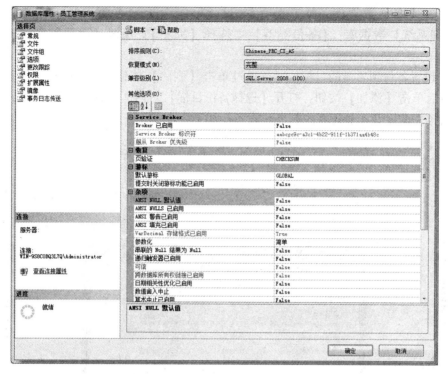

图 8-1　完整恢复模式

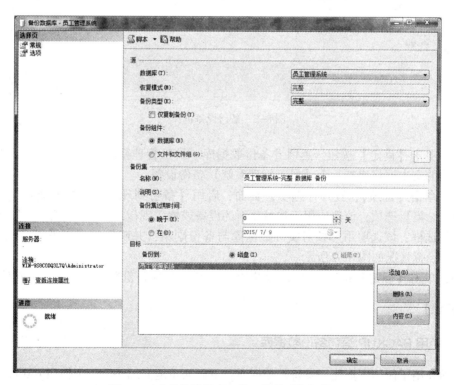

图 8-2　【备份数据库—员工管理系统】界面

（5）在【备份数据库—员工管理系统】窗口中，从【数据库】下拉列表中选择【员工管理系统】数据库；【备份类型】项选择【完整】，保留【名称】文本框的内容不变。

（6）设置备份到磁盘的目标位置，通过单击【删除】按钮，删除已存在默认生成的目标，然后单击【添加】按钮，打开【选择备份目标】对话框，启用【备份设备】选项，选择以前建立的【员工管理系统】备份设备，如图 8-3 所示。

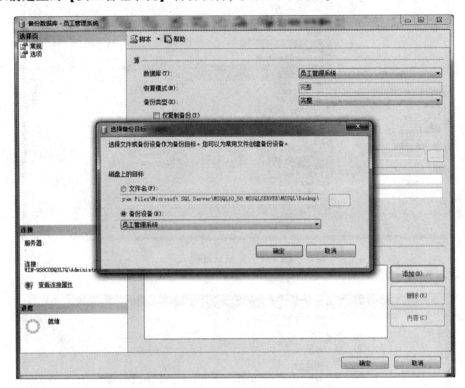

图 8-3　备份设备选择

（7）单击【确定】按钮，返回【备份数据库—员工管理系统】窗口，就可看到【目标】下面的文本框将增加一个【员工管理系统】备份设备。

（8）单击【选项】，打开【选项】页面，启用【备份到现有介质集】下的【覆盖所有现有备份集】选项，该选项用于初始化新的设备或覆盖现在的设备；选中【完成后验证备份】复选框，该选项用来核对实际数据库与备份副本，并确保他们在备份完成之后一致。具体设置情况如图 8-4 所示。

（9）单击【确定】按钮，完成对数据库的备份。完成备份后将弹出备份完成对话框。

【相关知识】

8.1.1　使用 BACKUP 语句备份数据库

前面介绍了使用图形化工具备份数据库，下面简单地介绍一下如何使用 BACKUP 命令来备份数据库。对数据库进行完整备份的语法格式如下：

BACKUP DATABASE database_name TO <backup_device> [n] [WITH]

[[,] NAME = backup_set_name] [[,] DESCRIPTION = ' TEXT ']

[[,] {INIT | NOINIT }]

[[,] {COMPRESSION | NO_COMPRESSION }]

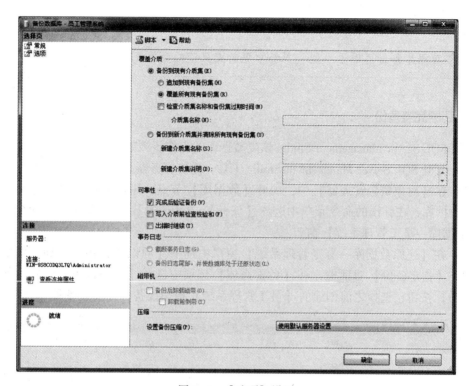

图 8-4 【选项】设置

参数说明如下：

（1） database_name 表示指定了要备份的数据库。

（2） backup_device 表示为备份的目标设备，采用"备份设备类型=设备名"的形式。

（3） WITH 子句表示指定备份选项，这里仅给出两个，更多备份选项可以参考 SQL Sever2017 联机丛书。

（4） NAME = backup_set_name 表示指定了备份的名称。

（5） DESCRIPTION = ' TEXT '表示给出了备份的描述。

（6） INIT | NOINIT、INIT 表示新备份的数据覆盖当前备份设备上的每一项内容，即原来在此设备上的数据信息都将不存在；NOINIT 表示新备份的数据添加到备份设备上已有的内容的后面。

（7） COMPRESSION | NO_COMPRESSION、COMPRESSION 表示启用备份压缩功能，NO_COMPRESSION 表示不启用备份压缩功能。

【例 8-1】 对数据库"员工管理系统"做一次完整备份，备份设备为以前创建好的"员工管理系统"本地磁盘设备，并且此次备份覆盖以前所有的备份。使用 BACKUP 命令创建备份。

其语法格式如下：

BACKUP DATABASE 员工管理系统 TO DISK = '员工管理系统' WITH INIT,
NAME = '员工管理系统 完整 备份',
DESCRIPTION = ' this is the full backup of 员工管理系统'

完整数据库备份适用于小型、不经常更新或只读的数据库。

8.1.2 还原完整备份

使用 SQL Server Management Studio 恢复数据库的操作步骤如下：

（1）打开 SQL Server Management Studio 工具，连接服务器。

（2）在【对象资源管理器】中，展开【数据库】节点，用鼠标右键单击【员工管理系统】数据库，在弹出的命令菜单中选择【任务】→【还原】→【数据库】命令，打开【还原数据库—员工管理系统】窗口。

（3）在【还原数据库—员工管理系统】窗口中选中【源设备】单选按钮，然后单击弹出一个【指定备份】对话框，在【备份媒体】选项中选择【备份设备】选项，然后单击【添加】按钮，选择之前创建的【员工管理系统】备份设备，如图 8-5 所示。

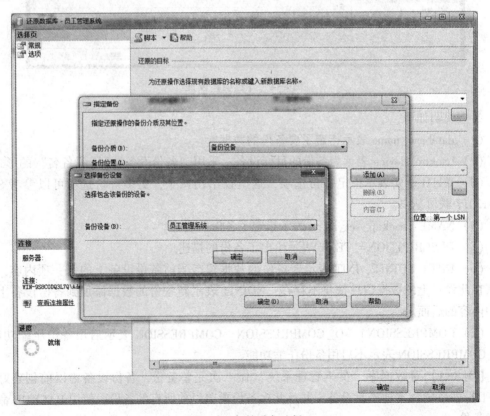

图 8-5 备份设备选择

（4）选择完成后，单击【确定】按钮返回。在【还原数据库—员工管理系统】窗口，就可以看到该备份设备中的所有的数据库备份内容，复选【选择用于还原的备份集】下面的【完整】、【差异】和【事务日志】3 种备份，本例中只选完整备份即可，使数据库恢复到最近一次备份的正确状态，如图 8-6 所示。

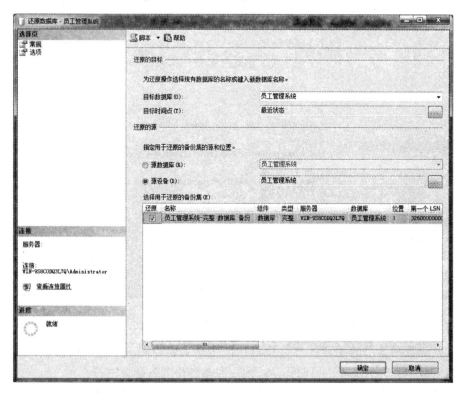

图 8-6　数据库还原

（5）如果还需要恢复别的备份文件，需要选择 RESTORE WITH NORECOVERY 选项，恢复完成后，数据库会显示处于正在还原状态，无法进行操作，必须到最后一个备份还原为止。单击【选项】，在【选项】页面选择 RESTORE WITH NORECOVERY 选项，如图 8-7所示。

（6）单击【确定】按钮，完成对数据库的还原操作。还原完成弹出还原成功消息对话框。

8.1.3　备份类型

为了保证数据的安全，需要定期对数据进行备份，这样应对意外的发生才会做到处变不惊，使损失降到最低。数据库常见的备份类型包括：

（1）完整数据库备份。完整数据库备份可对整个数据库进行备份。这包括对部分事务日志进行备份，以便在还原完整数据库备份之后，能够恢复完整数据库备份。完整数据库备份表示备份完成时的数据库。完整数据库备份提供了其他备份的基础，也就是说其他的备份如日志备份只有在完整备份的基础上才能被执行。

（2）差异数据库备份。差异数据备份只对上一次完整备份之后数据库发生改变的部分

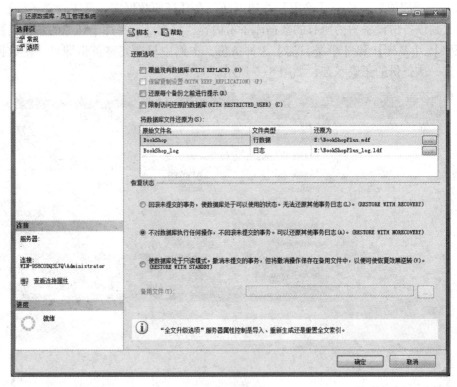

图 8-7　【选项】设置

做备份。差异数据备份的主要优势是执行速度更快、备份时间更短、可以相对频繁地进行，以降低数据丢失的风险，但前提是必须在完整备份的基础上进行。

（3）事务日志备份。事务日志记录数据库的所有变化，主要备份的是 T_SQL 语句，而不是整个数据库结构、文件结构或是数据。使用事务日志备份需要注意以下两点：

1）简单恢复模式下不能进行事务日志备份。

2）事务日志备份前至少有一次完整备份。

8.1.4　恢复模式

SQL Server 2017 包括：

（1）简单恢复模型。对于不经常更新数据的小型数据库，一般使用简单恢复模型。在简单恢复模式下，不能进行事务日志备份，可以最大限度地减少事务日志的管理开销。最新备份之后的更改不受保护。在发生意外事件时，这些更改必须重做。只能恢复到备份的结尾。

在简单恢复模式下，备份间隔应尽可能短，以防止大量丢失数据。简单恢复模式并不适合生产系统，因为对生产系统而言，丢失最新的更改是无法接受的。在这种情况下，建议使用完整恢复模式。

（2）完整恢复模型。完整恢复模型可以在最大程度上保证故障中数据的恢复。对于一些对数据看重的部门，如银行、电信系统等，建议采用完整恢复模型。SQL Server 可以记录数据库的所有更改，包括大容量操作和创建索引。如果日志文件本身没有损坏，则除了发生故障时正在进行的事务，SQL Server 可以还原所有的数据。

在完全恢复模型中，所有的事务都被记录下来，因此可以将数据库还原到任意时间点。SQL Server 2017 支持将命名标记插入到事务日志中的功能，可以将数据库还原到这个特定的标记。记录事务标记要占用日志空间，所以应该只对那些在数据库恢复策略中扮演重要角色的事务使用事务标记。该模型的主要问题是日志文件较大，以及由此产生的较大的来自存储量和性能的开销。

（3）大容量日志记录恢复模型。与完全恢复模型相似，大容量日志记录恢复模型使用数据库和日志备份来恢复数据库。该模型对某些大规模或者大容量数据操作（比如 INSERT INTO、CREATE INDEX、大批量装载数据、处理大批量数据）时提供最佳性能和最少的日志使用空间。在这种模型下，日志只记录多个操作的最终结果，而并非存储操作的过程细节，所以日志尺寸更小，大批量操作的速度也更快。如果事务日志没有受到破坏，除了故障期间发生的事务以外，SQL Server 能够还原全部数据，但是，由于使用最小日志的方式记录事务，因此不能恢复数据库到特定即时点。

该模式是完整 SQL Server 恢复模式的附加模式，允许执行高性能的大容量复制操作。通过使用最小方式记录大多数大容量操作，减少日志空间使用量。对于某些大规模大容量操作（如大容量导入或索引创建），暂时切换到大容量日志恢复模式可提高性能并减少日志空间使用量。由于大容量日志恢复模式不支持时间点恢复，因此必须在增大日志备份与增加工作丢失风险之间进行权衡。

8.1.5　更改恢复模式

使用 SQL Server Management Studio 工具来查看或更改数据库的恢复模式，具体操作过程如下：

（1）打开 SQL Server Management Studio 并连接到数据库引擎服务器。

（2）在【对象资源管理器】窗口中，展开【数据库】节点。

（3）用鼠标右键单击 Practice JWGL 数据库，在弹出的快捷菜单中选择【属性】命令，打开【数据库属性—Tobacco Bureau】对话框。

（4）选择【选项】，数据库的当前恢复模式显示在右侧详细信息的【恢复模式】列表框中，如图 8-8 所示。

（5）可以从【恢复模式】列表中，选择不同的模式来更改数据库的恢复模式。其中，可以选择【完整】【大容量日志】或【简单】模式。

（6）单击【确定】按钮，即可完成查看或更改数据库的恢复模式的操作。

8.1.6　备份设备

备份设备是用来存储数据库、事务日志或文件和文件组备份的存储介质。常见的备份设备可以分为：

（1）磁盘备份设备。磁盘备份设备就是存储在硬盘或其他磁盘媒体上的文件，其与常规操作系统文件一样。引用磁盘备份设备与引用任何其他操作系统文件一样。可以在服务器的本地磁盘上或共享网络资源的远程磁盘上定义磁盘备份设备，磁盘备份设备根据需要

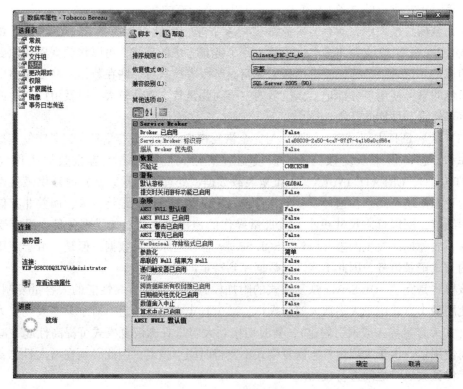

图 8-8　恢复模式

可大可小。最大的文件其大小相当于磁盘上可用的闲置空间。如果磁盘备份设备定义在网络的远程设备上，则应该使用统一命名方式（UNC）来引用该文件，以 \\ Servername \ Sharename \ Path \ File 格式指定文件的位置。在网络上备份数据可能受到网络错误的影响。因此，在完成备份后应该验证备份操作的有效性。

（2）磁带备份设备。磁带备份设备的用法与磁盘设备相同，不过磁带备份设备必须物理连接到运行 SQL Server 2017 实例的计算机上。如果磁带备份设备在备份操作过程中已满，但还需要写入一些数据，SQL Server 2017 将提示更换新磁带并继续备份操作。

若要将 SQL Server 2017 数据备份到磁带，那么需要使用磁带备份设备或者 Windows 平台支持的磁带驱动器。另外，对于特殊的磁带驱动器，仅使用驱动器制造商推荐的磁带。在使用磁带驱动器时，备份操作可能会写满一个磁带，并继续在另一个磁带上进行。所使用的第一个媒体称为"起始磁带"，该磁带含有媒体标头，每个后续磁带称为"延续磁带"，其媒体序列号比前一磁带的媒体序列号大 1。

（3）逻辑备份设备。物理备份设备名称主要用来供操作系统对备份设备进行引用和管理，如 D：\ Backups \ Full. bak。逻辑备份设备是物理备份设备的别名，通常比物理备份设备更能简单、有效地描述备份设备的特征。逻辑备份设备名称被永久保存在 SQL Server 的系统表中。使用逻辑备份设备的一个优点是比使用长路径简单。如果准备将一系列备份数据写入相同的路径或磁带设备，则使用逻辑备份设备非常有用。逻辑备份设备对于标识磁带备份设备尤为有用。

8.1.7 管理备份设备

在 SQL Server 2017 系统中，创建了备份设备以后就可以通过系统存储过程、T_SQL 语句或者图形化界面查看备份设备的信息，或者把不用的备份设备删除等。管理备份设备包括：

（1）添加备份设备。使用 SQL Server Management Studio 添加备份设备，具体操作步骤如下：

1）在【服务器对象】中，用鼠标右键单击【备份设备】，选择【新建备份设备】，弹出【备份设备-员工管理系统】窗口，如图 8-9 所示。

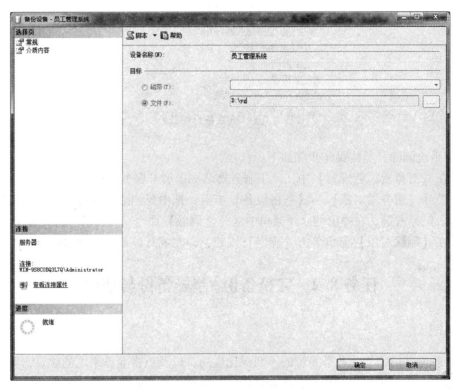

图 8-9　新建备份设备

2）在【设备名称】中添加备份设备的名称，在【文件】中选择存储路径及文件名称。

（2）查看备份设备。使用 SQL Server Management Studio 图形化工具查看所有备份设备，具体操作步骤如下：

1）在【对象资源管理器】中，单击服务器名称以展开服务器树。

2）展开【服务器对象】→【备份设备】节点，就可以看到当前服务器上已经创建的所有备份设备，如图 8-10 所示。

（3）删除备份设备。如果不再需要的备份设备，可以将其删除，删除备份设备后，其上的数据都将丢失。

使用 SQL Server Management Studio 图形化工具，可以删除备份设备。例如将备份设备

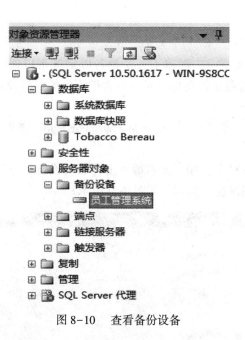

图 8-10　查看备份设备

员工管理系统删除，具体操作步骤如下：

1）在【对象资源管理器】中，单击服务器名称以展开服务器树。

2）展开【服务器对象】→【备份设备】节点，选中要删除的备份设备【员工管理系统】，单击鼠标右键，在弹出的命令菜单中选择【删除】命令，打开【删除对象】窗口。

3）在【删除对象】窗口单击【确定】按钮，即完成对该备份设备的删除操作。

任务 8.2　完整备份+差异备份与还原

【任务描述】

随着政府部门信息化业务系统的不断深化应用，以及更多业务系统的建设，业务数据将持续增长，且未来数据增长将会越来越迅猛。各地不断增长的业务与数据的数据备份保护，是各级部门必将面临的挑战，因此亟须建立一个统一、可靠、安全、可管理的数据备份容灾平台，有效控制数据安全风险，并降低数据安全管理成本，为信息化业务系统数据安全提供更好的保障。

【任务分析】

由上述描述可知其数据量十分庞大，且数据更新频繁，单一的完整备份执行一次需要耗费非常多的时间和空间，因此完整备份不能频繁进行。我们可以考虑定期进行数据库的完整备份，从上次完整备份以来修改的数据，采用差异备份。

【完成步骤】

创建差异备份的过程与创建完整备份的过程几乎相同，下面使用 SQL Server

Management Studio 在 government 数据库上创建一个数据库"员工管理系统"的一个差异备份（差异备份必须在完整备份的基础上完成，完整备份部分参照项目 8 任务 8.1 完成），操作过程如下：

（1）打开 SQL Server Management Studio 工具，连接服务器。

（2）在【对象资源管理器】中，展开【数据库】节点，选中【government】数据库，单击鼠标右键，在弹出的快捷菜单中选择【任务】→【备份】命令，打开【备份数据库—government】窗口。

（3）在【备份数据库—government】窗口，从【数据库】下拉列表中选择【government】数据库，【备份类型】项选择【差异】，保留【名称】文本框的内容不变；在【目标】项下面要确保列出了【government】设备，如图 8-11 所示。

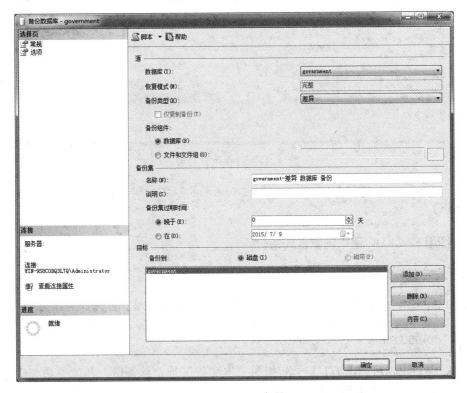

图 8-11　差异备份

 注　意

　　以上操作在完整数据库备份基础上完成。

（4）单击【选项】，打开【选项】页面，启用【追加到现有备份集】选项，以免覆盖现有的完整备份；选中【完成后验证备份】复选框，该选项用来核对实际数据库与备份副本（或者称为拷贝），并确保他们在备份完成之后一致。具体设置情况如图 8-12 所示。

（5）完成设置后，单击【确定】按钮开始备份，完成备份将弹出备份完成窗口。

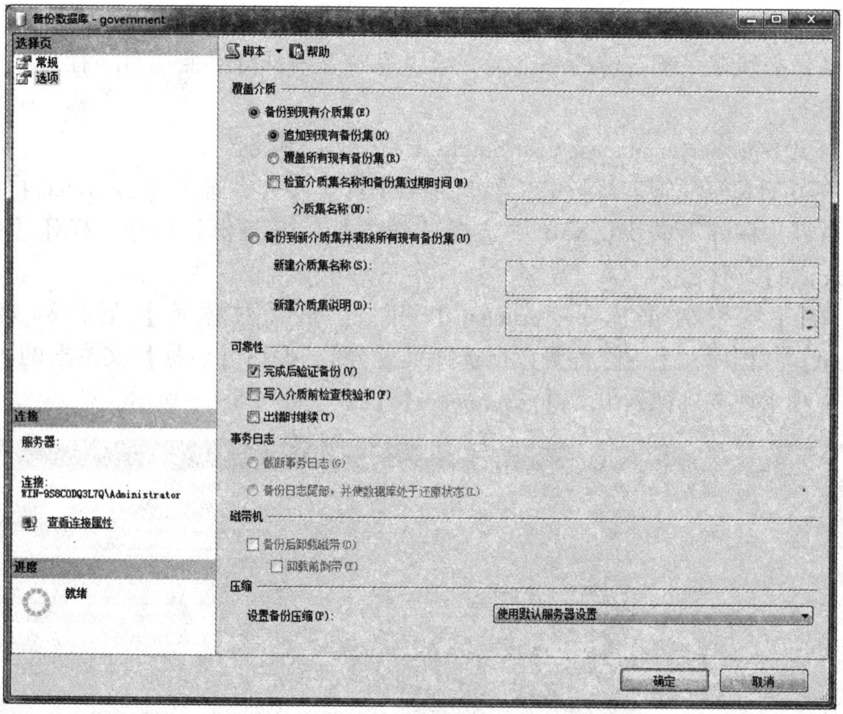

图 8-12 【选项】设置

【相关知识】

8.2.1 使用 BACKUP 语句创建差异备份

进行差异备份的语法与完整备份的语法相似，进行差异备份的语法格式如下：

BACKUP DATABASE database_name TO <backup_device> [n] WITH DIFFERENTIAL
[[,] NAME＝backup_set_name] [[,] DESCRIPTION＝' TEXT '] [[,] {INIT ∣ NOINIT }]
[[,] {COMPRESSION ∣ NO_COMPRESSION }]

其中，WITH DIFFERENTIAL 子句指明了本次备份是差异备份。其他参数与完全备份
参数安全一样，在此就不再重复。

【例 8-2】对 government 数据库做一次差异备份。

其代码如下：

BACKUP DATABASE 员工管理系统 TO DISK＝' government ' WITH DIFFERENTIAL, NOINIT,
NAME＝' government ',
DESCRIPTION＝' this is differential backup of 员工管理系统 on disk '

注 意

数据库有一定的规模，数据定期更新但不频繁，可以考虑定期做完整备份，数据更
新后做差异备份。

8.2.2　完整备份+差异备份还原

假设制定的备份计划如图 8-13 所示。

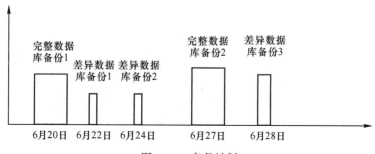

图 8-13　备份计划

由图 8-13 可知，6 月 20 日完成完整数据库备份 1；6 月 27 日完成完整数据库备份 2；6 月 22 日完成基于完整备份 1 的差异数据库备份 1；6 月 24 日完成基于完整备份 1 的差异数据库备份 2；6 月 28 日完成基于完整备份 2 的差异数据库备份 3。其中：

（1）如果需要还原到 6 月 24 日的数据库状态，需要使用完整数据库备份 1 和差异数据库备份。

（2）如果需要还原到 6 月 28 日的数据库状态，需要使用完整数据库备份 2 和差异数据库备份。

完整备份+差异备份还原策略如图 8-14 所示。

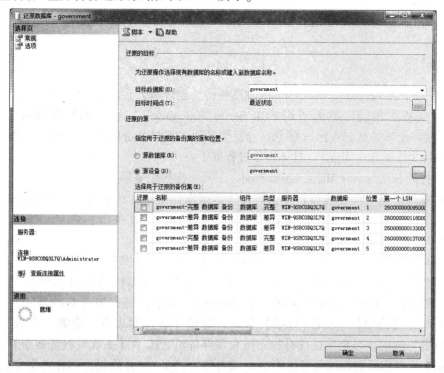

图 8-14　完整备份+差异备份还原策略

任务8.3 完整备份+事务日志备份与还原

【任务描述】

某省烟草局可以提供烟草的货源，所有的客户都是在烟草局的网上购物系统下订单，烟草局根据系统上的订单发货，因此系统数据对于烟草局是非常重要的。数据的安全性关系到烟草局日常工作是否能正常开展，最终关系到能否为客户提供优质服务，所以对这些业务系统的数据做好数据保护是至关重要的，是保证这些业务系统为烟草局提供正常服务的最后一道防线。

【任务分析】

由所给信息可以分析出数据量很大，且对数据的实时性要求较高，为避免交易过程中由于数据丢失造成经济损失，拟定使用周期实施完整数据库备份，定期做事务日志备份完整的备份策略。事务日志类型见表8-1。

表8-1 事务日志类型

事务日志类型	说 明
纯日志备份	仅包含一定间隔的事务日志记录而不包含在大容量日志恢复模式下执行的任何大容量更改的备份
大容量操作日志备份	包含日志记录以及由大容量操作更改的数据页的备份。不允许对大容量操作日志备份进行时间点恢复
尾日志备份	对可能已损坏的数据库进行的日志备份，用于捕获尚未备份的日志记录。尾日志备份在出现故障时进行，用于防止丢失工作，可以包含纯日志记录或大容量操作日志记录

【完成步骤】

使用 SQL Server Management Studio 创建备份。创建事务日志备份的过程与创建完整备份的过程也基本相同，下面使用 SQL Server Management Studio 创建数据库"Tobacco Bereau"的一个事务日志备份（事务日志备份必须在完整备份的基础上完成，完整备份部分参照项目8任务8.1完成）。具体操作过程如下：

（1）打开 SQL Server Management Studio 工具，连接服务器。

（2）在【对象资源管理器】中，展开【数据库】节点，选中【Tobacco Bereau】数据库，单击鼠标右键，在弹出的快捷菜单中选择【任务】→【备份】命令，打开【备份数据库—Tobacco Bereau】窗口。

（3）在【备份数据库—Tobacco Bereau】窗口，从【数据库】下拉列表中选择【Tobacco Bereau】数据库，从【备份类型】下拉列表中选择【事务日志】，保留【名称】文本框的内容不变，在【目标】项下面要确保列了【Tobacco Bereau】设备，如图8-15所示。

（4）单击【选项】，打开【选项】页面，启用【备份到现有介质集】下的【追加到现有备份集】选项，以免覆盖现有的完整和差异备份。选中【完成后验证备份】复选框，该选项用来核对实际数据库与备份副本（或者称为拷贝），并确保他们在备份完成之后一致，并选择【截断事务日志】选项。具体设置情况如图8-16所示。

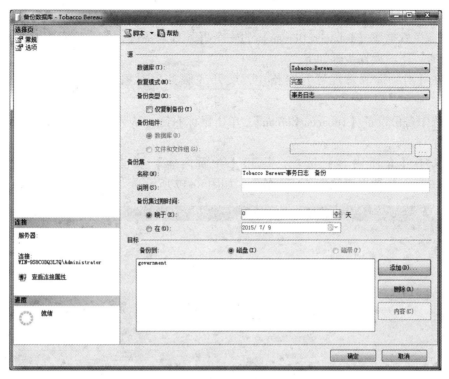

图 8-15　事务日志备份

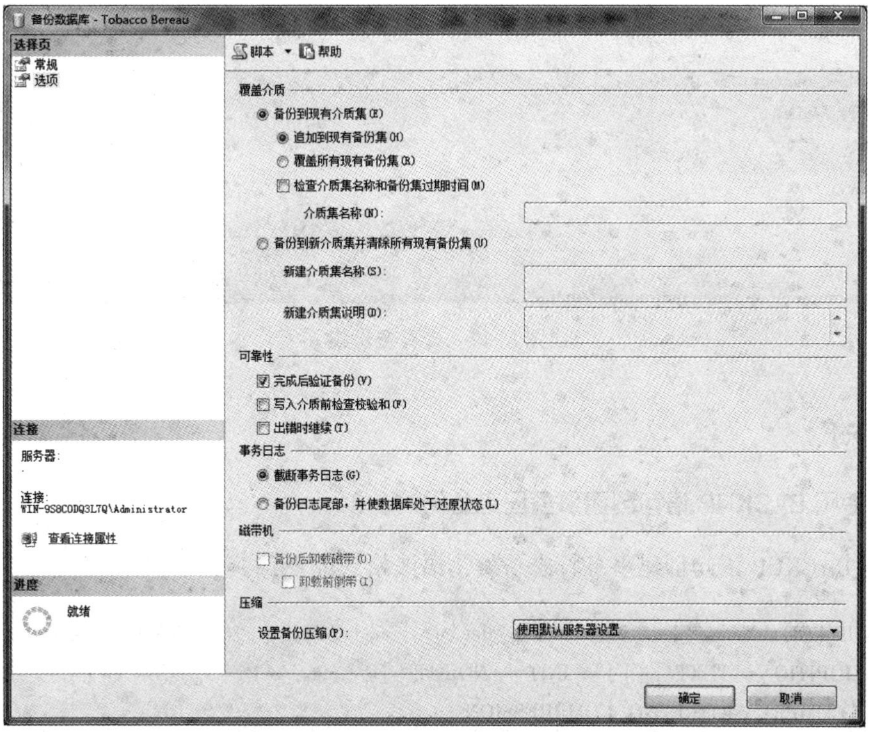

图 8-16　【选项】设置

（5）完成设置后，单击【确定】按钮开始备份，完成备份将弹出备份完成窗口。现在已经完成了数据库【Tobacco Bereau】的一个事务日志备份。为了验证是否真的完成备份，需检查一下。操作步骤如下：

1）在【对象资源管理器】窗格中，展开【服务器对象】节点下的【备份设备】节点。

2）选中备份设备【Tobacco Bereau】，单击鼠标右键，从弹出的快捷菜单中选择【属性】窗口。

3）选中【介质内容】选项，打开【介质内容】页面，可以看到刚刚创建的【Tobacco Bereau】数据库的事务日志备份，如图 8-17 所示。

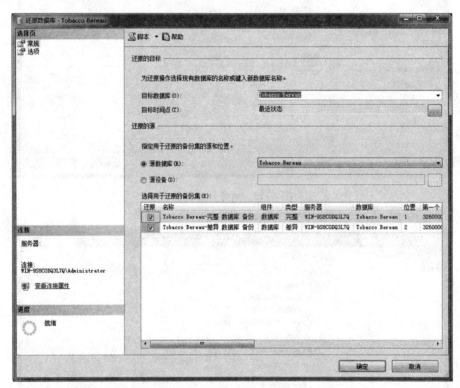

图 8-17 查看备份集

【相关知识】

8.3.1 使用 BACKUP 语句创建事务日志备份

使用 BACKUP 语句创建事务日志备份，语法格式如下：

BACKUP LOG database_name TO <backup_device> [n] WITH   [[,] NAME = backup_set_name]
[[,] DESCRIPTION =' TEXT '] [[,] {INIT ∣ NOINIT }]
　　[[,] {COMPRESSION ∣ NO_COMPRESSION }]

其中，LOG 仅指定仅备份事务日志。该日志是从上一次成功执行的日志备份到当前日志的末尾。必须创建完整备份，才能创建第一个日志备份。其他各参数与完整备份语法中各参数完全相似，这里不再重复。

【例 8-3】对数据库 Tobacco Bereau 做事务日志备份，要求追加到现有的备份设备"Tobacco Bereau 备份"上。

其语法格式如下：

BACKUP LOG 员工管理系统 TO DISK =' Tobacco Bereau ' WITH NOINIT,
NAME =' Tobacco Bereau 事务日志备份',
DESCRIPTION =' this is transaction backup of 员工管理系统 on disk '

当 SQL Server 完成日志备份时，自动截断数据库事务日志中不活动的部分。所谓不活动的部分是指已经完成的事务日志，这些事务日志已经被备份起来了，所以可以截断。事务日志被截断后，释放出的空间可以被重复使用，这样避免了日志文件的无限增长。

注　意

适用于更新频繁，且对数据安全要求较高的数据库，用其他的完整备份或差异备份用时较多，可以考虑定期做日志备份，隔段时间做差异备份，再隔段时间做完整备份。

8.3.2　完整备份+事务日志备份还原

假设制定的备份计划如图 8-18 所示。

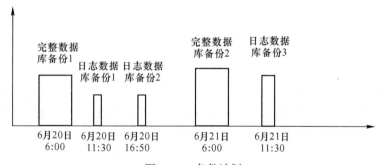

图 8-18　备份计划

由图 8-18 可知，6 月 20 日 6:00 完成完整数据库备份 1；6 月 21 日 6:00 完成完整数据库备份 2；6 月 20 日 11:30 完成基于完整备份 1 的日志数据库备份 1；6 月 20 日 16:50 完成基于完整备份 1 的日志数据库备份 2；6 月 21 日 11:30 完成基于完整备份 2 的日志数据库备份 3。其中：

（1）如果需要还原到 6 月 20 日 16:50 的数据库状态，需要使用完整数据库备份 1 和日志数据库备份 1、2。

（2）如果需要还原到 6 月 21 日 11:30 的数据库状态，需要使用完整数据库备份 2 和日志数据库备份 3。或者使用完整数据库备份 1，日志数据库备份 1、2、3。

（3）如果需要还原到 6 月 20 日 14:00 的数据库状态，需要使用完整数据库备份 1 和日志数据库备份 1、2。需要制定 14:00 位恢复即时点。

8.3.3 时间点恢复

使用 SQL Server Management Studio 按照时间点恢复数据库的操作步骤如下:

(1) 打开 SQL Server Management Studio 工具,连接服务器。

(2) 在【对象资源管理器】中,展开【数据库】节点,选中【Tobacco Bereau】数据库,单击鼠标右键,在弹出的快捷菜单中选择【任务】→【还原】→【数据库】命令,打开【还原数据库—Tobacco Bereau】窗口,在备份设备【Tobacco Bereau】选择完整数据库备份 1 和日志数据库备份 1、2。

(3) 单击【目标时间点】文本框后面的【选项】按钮,打开【时点还原】窗口,启用【具体日期和时间】选项,输入具体日期和时间,如图 8-19 所示。

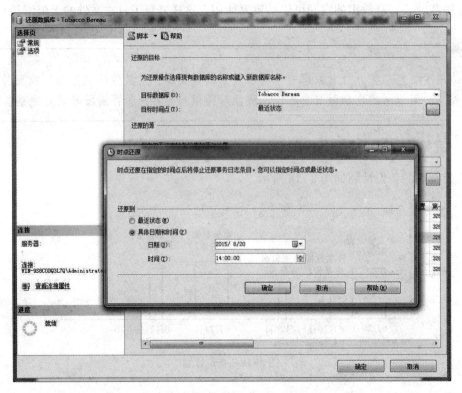

图 8-19 【时点还原】窗口

(4) 设置完成后,单击【确定】按钮返回。然后还原备份,设置时间以后的操作将会被还原。

任务 8.4 备份与恢复 master 数据库

【任务描述】

master 数据库数据丢失或出现设置错误,但能启动实例,通过还原 Master 的完整备份修复已损坏的数据库。

【任务分析】

master 数据库中包括所有的配置信息、用户登录信息、当前正在服务器中运行的信息等。master 数据库被损坏，可能导致 SQL Server 实例无法启动。下面几种情况都应该备份 master 数据库：

（1）更改服务器范围的配置选项。

（2）创建或删除用户数据库。

（3）创建或删除逻辑备份设备。

（4）master 数据库只能做完整备份。

 意

> 恢复的前提必须是此前对数据库进行过完整备份，否则会失败。

【完成步骤】

（1）破坏 master 文件（假设其文件破坏）。停止 SQL Server 服务，更改数据库文件 master.mdf（随便重命名，这里改为 master1.mdf），再次启动 SQL Server 服务，系统会提示错误信息，启动失败，如图 8-20~图 8-22 所示。

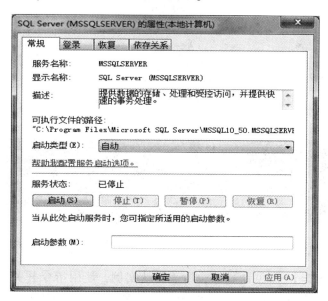

图 8-20　关闭数据库服务

（2）运行安装 setup.exe，重建 master 数据库。在命令行下输入 C：\ Program Files \ Microsoft SQL Server \ MSSQL10_50.MSSQLSERVER \ MSSQL \ Binn，进入数据库安装目录，如图 8-23 所示。

运行 start ╱wait setup.exe ╱qn INSTANCENAME = mssqlserver　REINSTALL = SQL_Engine

图 8-21　破坏 master 数据库文件

图 8-22　master 数据库文件破坏后，启用服务失败

图 8-23　进入数据库安装目录

REBUILDDATABASE = 1 SAPWD = 123，覆盖默认实例，使用指令开关 INSTANCENAME = mssqlserver；默认重建 master 数据库，使用指令开关 REBUILDDATABASE = 1；设置 SA 用户密码 SAPWD = 123，如图 8-24 所示。

查看系统目录重建成功，如图 8-25 所示。

（3）重建成功好，重新启动服务。

（4）登录服务器后的数据库。

只有系统数据库，用户自己建的数据库和服务器配置全都没了，如图 8-26 所示。

```
C:\Program Files\Microsoft SQL Server\MSSQL10_50.MSSQLSERVER\MSSQL\Binn>start /w
ait setup.exe /qn INSTANCENAME=mssqlserver REINSTALL=SQL_Engine   REBUILDDATABASE
=1 SAPWD=123
```

图 8-24　重建 master 数据库

名称	修改日期	类型	大小
government.mdf	2015/7/9 11:36	SQL Server Data...	3,072 KB
government_log.ldf	2015/7/9 11:36	SQL Server Data...	1,024 KB
master.mdf	2015/7/9 11:36	SQL Server Data...	4,096 KB
mastlog.ldf	2015/7/9 11:36	SQL Server Data...	1,280 KB
model.mdf	2015/7/9 11:36	SQL Server Data...	2,304 KB
modellog.ldf	2015/7/9 11:36	SQL Server Data...	768 KB
MS_AgentSigningCertificate.cer	2015/4/14 17:00	安全证书	1 KB
MSDBData.mdf	2015/7/9 11:36	SQL Server Data...	15,104 KB
MSDBLog.ldf	2015/7/9 11:36	SQL Server Data...	5,184 KB
ReportServer.mdf	2015/7/1 9:24	SQL Server Data...	4,352 KB
ReportServer_log.LDF	2015/7/1 9:24	SQL Server Data...	6,400 KB

图 8-25　master 数据库重建成功

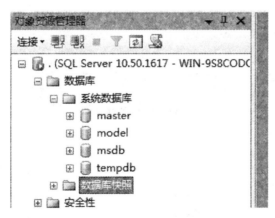

图 8-26　查看数据库信息

（5）直接在 master 上进行数据还原。右键单击 master 数据库，选择【任务】→【还原】→【文件和文件组】，会提示 master 数据库还原失败，如图 8-27 所示。

（6）停止服务，启动单用户模式。

在命令行下输入 "cd C:\ Program Files \ Microsoft SQL Server \ MSSQL10_50. MSSQLSER-VER \ MSSQL \ Binn 进入数据库安装目录，然后运行 sqlservr. exe-c-m" 命令。如图 8-28 所示。

（7）启动 SQL Server Management Studio，新建查询。打开 SQL Server Management Studio，先断开连接，在新建查询，执行以下还原命令：

USE master

GO

RESTORE DATABASE master FROM Disk = ' C： \ Program Files \ Microsoft SQL Server \ MSSQL. 1 \ MSSQL \ Backup \ master. bak ' （备份文件名）

WITH REPLACE

图 8-27 提示 master 数据库还原失败

图 8-28 启动单用户模式

（8）重新启动数据库服务。再次查看数据库恢复后的结果，用户创建的数据库都会显示出来，如图 8-29 所示。

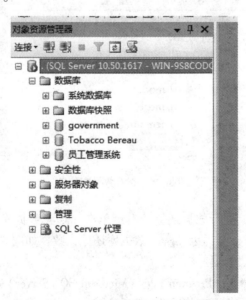

图 8-29 还原成功

 注 意

其他系统数据库可以直接从完整备份中恢复，不需要从单用户模式恢复。

任务 8.5　恢复单表数据

【任务描述】

假设生产环境中有一个名为 sales 的表，表数据被不小心删除了。现需要尽快恢复这个表，并且恢复过程中对其他表和用户的影响降到最低。

【任务分析】

本任务的需求是从备份文件中还原一个表的数据。不幸的是，SQL Server 仅支持数据库的还原，不支持单数据表的还原。如果数据库数据量很大，还原整个数据库将非常耗时和耗费磁盘空间，会极大地影响用户的正常使用。

一种折中的办法是，在另一个备用实例中新建一个数据库，然后将备份文件还原到此数据库，再将新数据库中该表的数据通过导入导出功能同步到原有数据表。

【完成步骤】

（1）在另一个 SQL Server 实例中，新建一个数据库，将含有 sales 表数据的备份文件还原到此数据库。具体还原操作见任务 8.3。

（2）在新数据库中，将 sales 表导出到生产环境中对应的表。导出操作见项目 3。

【项目总结】

主要讲述了数据库备份的重要性、数据库备份的种类和各种数据库备份的方法，以及从数据库备份中恢复数据库的方法。

通过本项目的学习，应熟练掌握以下内容：

（1）数据库备份的概念和种类。

（2）各种数据库备份的实现方法。

（3）数据库恢复模型。

从各种数据库备份中恢复数据库的方法。

项目实训 8

实训指导 1　在 Bookshop 数据库上创建与管理备份设备

【实训目标】

掌握备份设备的创建与管理。

【需求分析】

在 bookshop 数据库上，创建一个名字为"book_shop"的备份设备，文件路径为 D：/book_shop。

【实训环境】

SQL Server 能正常运行，且包含 bookshop 数据库。

【实训内容】

（1）【服务器对象】中，右键单击【备份设备】，在弹出的快捷菜单中选择【新建备份设备】。

（2）在【设备名称】中添加备份设备的名称，在【文件】中选择存储的路径及文件名称。

（3）展开【服务器对象】→【备份设备】节点，就可以看到当前服务器上已经创建的所有备份设备。

（4）如果不再需要的备份设备，可以将其删除，删除备份设备后，其上的数据都将丢失。

展开【服务器对象】→【备份设备】节点，选中要删除的备份设备，单击鼠标右键，在弹出的快捷菜单中选择【删除】命令，打开【删除对象】窗口。

（5）在【删除对象】窗口单击【确定】按钮，即完成对该备份设备的删除操作。

实训指导 2　Bookshop 数据被操作人员误删除，需要恢复数据库信息

【实训目标】

完整备份+差异备份的数据库备份与还原。

【需求分析】

数据库的状态需要如下保证：

（1）有一次完整数据库备份。

（2）发生故障前做过差异备份。

【实训环境】

（1）bookshop 数据库做一次完整数据库备份，保存到备份设备 "book_shop"。

（2）在订购表中，输入两条订购信息。

（3）bookshop 数据库做一次差异数据库备份，保存到备份设备 "book_shop"。

（4）然后将新录入的两条数据删除。

【实训内容】

选择备份设备 "book_shop"，并在其中选择合理的完整备份+差异备份。

实训指导 3　Bookshop 中订购信息录入错误，要求恢复出错前的状态

【实训目标】

日志备份及时间点恢复。

【需求分析】

Bookshop 数据库及其"订购表"运行正常，能够恢复到指定的时间点。

【实训环境】

向"订购表"中录入两条订购信息，将第二条信息除掉。假设第一条录入信息的时间是 12:00；第二条信息的录入时间是 12:30（可以根据当前的操作时间）。

【实训内容】

（1）对当前数据库进行日志备份。

（2）选择合适的备份文件（其中包含最后一次日志备份）。

（3）设置恢复时间点为 12:00，此时第二条记录就没有了。

项目 9　银行管理系统项目设计案例

【学习目标】

(1) 使用 T_SQL 语句建数据库和表；

(2) 使用 T_SQL 语句编程实现用户业务；

(3) 使用事务和存储过程封装业务逻辑；

(4) 使用视图简化复杂的数据查询。

【技能目标】

掌握"银行管理系统"数据库的设计方法和具体步骤。

【任务描述】

某银行是一家民办的小型银行企业，现有十多万客户。公司将为该银行开发一套管理系统，对银行日常的业务进行计算机管理，以保证数据的安全性，提高工作效率。

系统要完成客户要求的功能，运行稳定。

【任务分析】

通过和银行柜台人员的沟通交流，确定该银行的业务如下：

(1) 银行为客户提供了各种银行存取款业务，详见表 9-1。

表 9-1　银行存取款业务

业　务	描　　述
活期	无固定存期，可随时存取，存取款金额不限的一种比较灵活的存款
定活两便	事先不约定存期，一次性存入，一次性支取的存款
通知	不约定存期，支取时需提前通知银行，约定支取日期和金额方能支取的存款
整存整取	选择存款期限，整笔存入，到期提取本息的一种定期储蓄。银行提供的存款期限有 1 年、2 年和 3 年
零存整取	一种事先约定金额，逐月按约定金额存入，到期支取本息的定期储蓄。银行提供的存款期限有 1 年、2 年和 3 年
转账	办理同一币种账户的银行卡之间的互相划转

(2) 每个客户凭个人身份证在银行可以开设多个银行卡账户。开设账户时，客户需要提供的开户数据见表 9-2。

表 9-2 开设银行卡账户的客户信息

数 据	说 明
姓名	必须提供
身份证号	唯一确定用户。如果是第二代身份证，则是由 17 位数字和 1 位数字或字符组成。如果是第一代居民身份证，则身份证号是由 15 位数字组成
联系电话	可分为座机号码和手机号码： （1）座机号码由数字和"−"构成，有以下两种格式： ①×××—×××××××； ②××××—×××××××。 （2）手机号码由 11 位数字组成
居住地址	可以选择

（3）银行为每个账户提供一个银行卡，每个银行卡可以存入一种币种的存款。银行保存账户的信息见表 9-3。

表 9-3 银行账户信息

数 据	说 明
卡号	银行的卡号由 16 位数字组成，其中，一般前 8 位代表特殊含义，如某总行某支行等。假定该行要求其营业厅的卡号格式为 6456 3828××××××××，后 8 位是随机产生且唯一，每 4 位号码后空一格
密码	由 6 位数字构成，开户时默认为"666666"
币种	默认为 RMB，该银行目前尚未开设其他币种存款业务
存款类型	必须选择
开户日期	客户开设银行卡账户的日期，默认为当日
开户金额	客户开设银行卡账户时存入的金额，规定不得小于 1 元
余额	客户账户目前剩余的金额
是否挂失	默认为"否"

（4）客户持卡在银行柜台或 ATM 机上输入密码，经系统验证身份后办理存款、取款和转账等银行业务，银行规定：每个账户当前的存款余额不得小于 1 元。

（5）银行在为客户办理存取款业务时，需要记录每一笔交易，银行卡交易信息见表 9-4。

表 9-4 银行卡交易信息

数 据	说 明
卡号	银行的卡号由 16 位数字组成
交易日期	默认为当日
交易金额	必须大于 0
交易类型	包括存入和支取两种
备注	对每笔交易作必要的说明

（6）该银行要求这套软件实现银行客户的开户、存款、取款、转账和余额查询等业务，使银行储蓄业务方便、快捷，同时保证银行业务数据的安全性。

（7）为了使开发人员尽快了解银行业务，该银行提供了银行卡手工账户信息和银行卡交易信息，以供项目开发参考，详见表9-5和表9-6。

表9-5 银行卡手工账户信息

账户姓名	张三	李四
身份证号	232083198006195436	230814195611280360
联系电话	13989869524	18601112309
住址	哈尔滨市南岗区	佳木斯市前进区
卡号	6456 3828 1026 3110	6456 3828 0982 6631
存款类型	定期三年	活期
开户日期	2014-06-18 08:28:13	2014-03-21 14:30:50
开户金额	￥10.00	￥1.00
余额	￥5865.38	￥35983.96
密码	198006	114116
账户状态		挂失

表9-6 银行卡交易信息

交易日期	交易类型	卡号	交易金额	余额	终端机编号
2014-09-21 15:16:16	存入	6345 3828 1026 3110	￥3,200.00	￥8,200.00	1001
2014-11-09 09:10:21	存入	6345 3828 1010 2112	￥1,300.00	￥4,200.00	1003
2014-12-27 15:25:37	支取	6345 3828 7173 8982	￥200.00	￥1350.00	1004
2015-03-05 10:18:22	支取	6345 3828 9989 8112	￥2,000.00	￥3,000.00	1002
2015-04-10 08:17:01	存入	6345 3828 9331 9007	￥1,700.00	￥7,300.71	1003
2015-04-28 12:03:16	支取	6345 3828 1026 3110	￥3,000.00	￥5,200.00	1005
2015-05-08 16:00:07	存入	6345 3828 9989 8112	￥4,600.00	￥7,600.00	1007
2015-08-05 11:23:02	存入	6345 3828 0982 6631	￥200.00	￥1,883.89	1004
2015-09-29 12:36:22	支取	6345 3828 0982 6631	￥400.00	￥1483.89	1003

【完成步骤】

（1）数据库设计。具体操作步骤如下：

1）创建银行业务系统 E-R 图。明确银行业务系统的实体、实体属性及实体之间的关系。其步骤如下：

① 在充分理解银行业务需求后，围绕银行的业务需求进行分析，确认与银行业务系统有紧密联系的实体，并得到每个实体的必要属性。

② 对银行业务进行分析，找出多个实体之间的关系。实体之间的关系可以是一对一、一对多、多对多。

银行业务系统 E-R 图如图 9-1 所示。

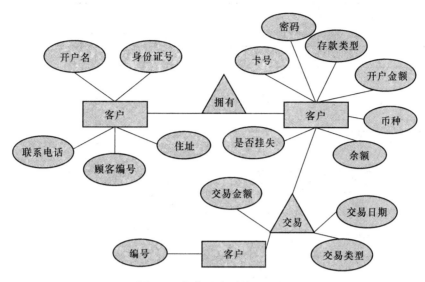

图 9-1　银行业务系统 E-R 图

2）将 E-R 图转换为关系模式。按照将 E-R 图转换为关系模式的规则，图 9-1 的 E-R图转换的关系模式为：

① 客户（客户编号，开户名，身份证号，联系电话，居住地址）。

② 银行卡（卡号，密码，开户日期，开户金额，存款类型，余额，是否挂失，币种，客户编号）。

③ 交易（银行卡号，交易日期，交易类型，交易金额，终端机编号）。

④ 终端机（编号）。

对上述关系模式进行优化。"终端机"关系只有一个"编号"属性，而且此属性已经包含在"交易"关系中了，这个关系可以删除。"银行卡"关系中的"存款类型"皆为汉字，会出现大量的数据冗余，可分出一个"存款类型"关系，里面包含"存款类型编号"和"存款类型名称"等属性，将"银行卡"关系中的"存款类型"改变为"存款类型编号"。

优化后的关系模式为：

① 客户（客户编号，开户名，身份证号，联系电话，居住地址）。

② 银行卡（卡号，密码，开户日期，开户金额，存款类型编号，余额，币种，是否挂失，客户编号）。

③ 交易（银行卡号，交易日期，交易类型，交易金额，终端机编号）。

④ 存款类型（存款类型编号，存款类型名称，描述）。

3）规范数据库设计。使用第一范式、第二范式、第三范式对关系进行规范化，使每个关系都要达到第三范式。在规范化关系时，也要考虑软件运行性能。必要时，可以有悖于第三范式的要求，适当增加冗余数据，减少表间连接，以空间换取时间。

4）设计表结构。客户表结构见表 9-7，银行卡表结构见表 9-8，存款类型表结构见表 9-9，交易表结构见表 9-10。

表 9-7 客户表结构

列名称	数据类型	说 明	
customerID	Int	客户编号	主键，自动编号（标识号），从 1 开始
customerrName	varchar	开户名	必填
PID	varchar	身份证号	必填，只能是 18 位或 15 位，身份证号唯一约束
telephone	varchar	联系电话	必填
address	varchar	居住地址	可选输入

表 9-8 银行卡表结构

列名称	数据类型	说 明	
cardID	char	卡号	必填，主键，除特殊要求外，一般随机产生
curID	varchar	货币	外键，必填，默认为 RMB
savingID	int	存款类型编号	外键，必填
openDate	datetime	开户日期	必填，默认为系统当前日期
openMoney	money	开户余额	必填，不低于 1 元
balance	money	余额	必填，不低于 1 元
password	char	密码	必填，6 位数字，默认为 "666666"
IsReportLoss	bit	是否挂失	必填，默认为 "否"
customerID	int	客户编号	外键，必填

表 9-9 存款类型表结构

列名称	数据类型	说 明	
savingID	int	存款类型编号	主键，自动编号（标识列）从 1 开始
savingName	varchar	存款类型名称	必填
description	varchar	描述	可空

表 9-10 交易表结构

列名称	数据类型	说 明	
transDate	datetime	交易日期	必填，默认为系统当前日期
cardID	varchar	银行卡号	外键，必填
transType	char	交易类型	必填，只能是存入/支出
transMoney	money	交易金额	必填，大于 0
machine	char	终端机编号	客户业务操作的机器编号

（2）创建数据库、创建表、创建约束。

【例 9-1】创建数据库。

使用 CREATE DATABASE 语句创建"银行业务系统"数据库 bankDB，数据文件和日志文件保存在 D：\ bank 文件夹下，文件增长率为 10%，创建数据库 bankDB 的 T_SQL 语句如下：

```
USE master
GO
IF EXISTS（SELECT ＊ FROM sysdatabases WHERE name＝'bankDB'）
   DROP DATABASE bankDB
GO
CREATE DATABASE bankDB
ON
（NAME＝'bankDB_data'，
FILENAME＝'d：\bank\bankDB_data.mdf'，
SIZE＝3mb，
FILEGROWTH＝10%）
LOG ON
（NAME＝'bankDB_log'，
FILENAME＝'d：\bank\bankDB_log.ldf'，
SIZE＝3mb，
FILEGROWTH＝10%'）
GO
```

【例 9-2】 创建表。

根据设计出的 "银行管理系统" 的数据表结构，使用 CREATE TABLE 语句创建表。
创建表的 T_SQL 语句如下：

```
USE bankDB
GO
IF EXISTS（SELECT ＊ FROM sysobjects WHERE name＝'userInfo'）
   DROP TABLE userInfo
GO
CREATE TABLE userInfo--客户表
（customerID INT IDENTITY（1，1），
customerName  VARCHAR（20）  NOT  NULL，
PID  VARCHAR（18）  NOTNULL，
tekephone  VARCHAR（15）  NOT NULL，
address VARCHAR（50））
GO
IF EXISTS  （SELECT ＊ FROM sysobjects  WHERE  name＝'cardInfo'）
   DROP  TABLE cardInfo
GO
CREATE  TABLE cardInfo  --银行卡表
（cardID CHAR（19）  NOT  NULL，
curID  VARCHAR（10）  NOT NULL，
savingID  INT  NOT  NULL，
openDate  DATETIME  NOT  NULL，
```

```
openMoney  MONEY  NOT  NULL,
balance  MONEY  NOT  NULL,
password CHAR（6）  NOT  NULL,
IsReportLoss  BIT  NOT  NULL,
CustomerID  INT  NOT  NOLL)
GO
IF  EXISTS （SELECT  *  FROMsysobjects  WHRER  name ='tradeInfo')
  DROP  TABLE tradeInfo
GO
CREATE  TABLE tradeInfo--交易表
（tradeDate  DATETIME  NOT  NULL,
tradeType  CHAR（4）  NOT  NULL,
cardID  CHAR（19）  NOT  NULL,
tradeMoney  NONEY  NOT  NULL,
machine  CHAR（4）  NOT  NULL ）
GO
IF  EXISTS （SELECT  *  FROM  sysobjects  WHERE  name ='deposit')
  DROP  TABLE  deposit
GO
CREATE TABLE deposit  --存款类型表
（savingID  INT  IDENTITY（1，1），
savingName  VARCHAR（20）  NOT  NULL,
descrip  VARCHAR（50））
GO
```

【例 9-3】添加约束。

根据银行业务，分析表中每列相应的约束要求，使用 ALTER TABLE 语句为每个表添加各种约束。为表添加主、外键约束时，要先添加主表的主键约束，然后再添加子表的外键约束。

参考代码如下：

```
/*  deposit 表的约束。
  savingID：存款类型号，主键。*/
ALTER TABLE deposit
  ADD CONSTRAINT  PK_savingID  PRIMARY  KEY（savingID）
GO
/*  userInfo  表的约束。
  customerID：顾客编号，自动编号（标识列），从 1 开始，主键
  customerName：开户名，必填。
  PID：身份证号，必填，只能是 18 位或 15 位，身份证号唯一约束。
  telephone：联系电话，必填，格式为 xxxx-xxxxxxxx 或手机号 11 位。
  address：居住地址，可选输入。*/
ALTER  TABLE  userInfo
```

ADD　CONSTRAINT　PK_customerID　PRIMARY　KEY（customerID），

CONSTRAINT　CK_PID　CHECK（len（PID）= 18 or len（PID）= 15），

CONSTRAINT　UQ_PID UNIQUE（PID），

CONSTRAINT　CK_telephone　CHECK（telephone like'［0~9］［0~9］［0~9］［0~9］［0~9］［0~9］［0~9］［0~9］［0~9］［0~9］［0~9］' or telephone like '［0~9］［0~9］［0~9］［0~9］［0~9］［0~9］［0~9］［0~9］［0~9］［0~9］' or len（telephone）= 11)

GO

/＊cardInfo：表的约束。

cardID：卡号，卡号规则和电话号码一样，一般前8位代表特殊含义，如某总行某支行等。假定该行要求其营业厅的卡号格式为 6456 3828　xxxx　xxxx。

curID：币种，必填，默认为 RMB。

savingType：存款种类，活期/定活两便/定期。

openDate：　开户日期，必填，默认为系统当前日期。

openMoney：　开户金额，必填，不低于1元。

balance　：余额，必填，不低于1元，否则将销户。

password：密码，必填，6位数字，默认为"666666"。

IsReportLoss：是否挂失，必填，是/否值，默认为"否"。

customerID：顾客编号，必填，表示该卡对应的顾客编号，一位客户可以办理很多张卡。

＊/

ALTER　TBALE　cardInfo

ADD　CONSTRAINT　PK_cardID　PRIMARY　KEY（cardID），

CONSTRAINT　CK_cardID　CHECK（cardID　LIKE　'6456 3828［0~9］［0~9］［0~9］［0~9］［0~9］［0~9］［0~9］［0~9］'），

CONSTRAINT　DF_curID　DEFAULT（'RMB'）　FOR curID，

CONSTRAINT　CK_savingType　CHECK（savingType　IN（'活期'，'定活两便'，'定期'）），

CONSTRAINT　DF_openDate　DEFAULT（getdate（））　FOR　openDate，

CONSTRAINT　CK_balance　CHECK（balance>=1），

CONSTRAINT　CK_pwd CHECK（password LIKE'［0~9］［0~9］［0~9］［0~9］［0~9］［0~9］'），

CONSTRAINT　DF_passWord　DEFAULT（'666666'）FOR　password，

CONSTRAINT　DF_IsReportLoss　DEFAULT（0）FOR　IsReportLoss，

CONSTRAINT　FK_customerID FOREIGN KEY（customerID）REFERENCES　userInfo（customerID），

CONSTRAINT　FK_savingID　FOREIGN　KEY（savingID）　REPERENCES　deposit（savingID）

GO

/＊tradeInfo：表的约束。

tradeType　：必填，只能是存入/支取。

cardID：银行卡号，必填，外键，可重复索引。

tradeMoney：交易金额，必填，大于0。

tradeDate：交易日期，必填，默认为系统当前日期。

machine：终端机编号，必填。

cardID　和 tradeDate　合起来做主键。

＊/

ALTER　TABLE　tradeInfo

　ADD　CONSTRAINT　CK_tradeType　CHECK（tradeType IN（'存入'，'支取'）），

```
CONSTRAINT  FK_cardID  FOREIGN  KEY（cardID）  REFERENCES  cardInfo（cardID），
CONSTRAINT  CK_tradeMoney  CHECK（tradeMoney>0），
CONSTRAINT  DF_tradeDATE  DEFAULT（getdate（））FOR  tradeDate
CONSTRAINT  PK_tradeInfo  PRIMAPY  KEY（cardID，tradeDate）
```
GO

【例 9-4】 生成数据库关系图。

操作 SQL Server 2017，生成 bankDB 数据库各表之间的关系图，具体步骤略。

（3）插入测试数据。使用 T_SQL 语句向数据库中已创建的每个表中插入测试数据。在输入测试数据时，卡号由人工填写，暂不随机产生。向相关表中插入开户信息，其开户信息见表 9-11。

表 9-11　两位客户的开户信息

姓名	身份证号	联系电话	地址	开户金额	存款类型	卡号
张三	232083198006195436	13989869524	哈尔滨市南岗区	￥10.00	定期三年	6456 3828 1026 3110
李四	230814195611280360	18601112309	佳木斯市前进区	￥1.00	活期	6456 3828 0982 6631

【例 9-5】 插入交易信息：张三（卡号 6456 3828 1026 3110）取款 900 元，李四（卡号 6456 3828 0982 6631）存款 500 元。要求保存交易记录，以便客户查询和银行业务统计。

例如，当张三取款 900 元时，会向交易信息表（TransInfo）中添加一条交易记录，同时应自动更新银行卡表（cardInfo）中的现有余额（减少 900 元），先假定手动插入更新信息。

要求：

1）插入到各表中的数据要保证业务数据的一致性和完整性。

2）如客户持银行卡办理存款和取款业务时，银行要记录每笔交易账，并修改该银行卡的存款余额。

3）每个表至少要插入 3~5 条记录。

 注 意

各表中数据插入的顺序。为了保证主、外键的关系，建议先插入主表中的数据，再插入子表中的数据。

客户取款时需要记录交易账目，并修改存款余额。它需要分以下两步完成：

1）在交易表中插入交易记录。其语法格式为：

INSERT INTO transInfo（transType，cardID，transMoney）
VALUES（'支取'，' 6456 3828 1026 3110 '，900）

2）更新银行卡信息表中的现有余额。其语法格式为：

```
UPDATE cardInfo SET balance=balance-900
WHERE cardID=' 6456 3828 1026 3110 '
```

（4）编写 SQL 语句实现银行的日常业务。修改张三银行卡（卡号 6456 3828 1026 3110）的密码为 198006，修改李四银行卡（卡号 6456 3828 0982 6631）的密码为 114116。

参考代码如下：

```
UPDATE cardInfo SET password=' 198006 ' WHERE cardID=' 6456 3828 1026 3110 '
UPDATE cardInfo SET password=' 114116 ' WHERE cardID=' 6456 3828 0982 6631 '
--查询账户信息
SELECT * FROM cardInfo
```

【例 9-6】 办理银行卡挂失。

李四因银行卡（卡号为 6456 3828 0982 6631）丢失，申请挂失。参考代码如下：

```
UPDATE cardInfo SET IsReportLoss=1 WHERE cardID=' 6456 3828 0982 6631 '
SELECT * FROM cardInfo
GO
--查看修改密码和挂失结果
SELECT cardID 卡号, curID 货币, savingName 储蓄种类, openDate 开户日期,
openMoney 开户金额, balance 余额, passWord 密码,
CASE IsReportloss
    WHEN 1 THEN '挂失'
    WHEN 2 THEN '未挂失'
    ELSE NULL
END 是否挂失, customerName 客户姓名
    FROM cardInfo, deposit, userInfo
    WHERE cardInfo. savingID=deposit. savingID And cardInfo. customerID=userInfo. customerID
```

【例 9-7】 统计银行资金流通余额和盈利结算。

存入代表资金流入，支取代表资金流出，计算公式为：资金流通金额=总存入金额-总支取金额。

假定存款利率为千分之三，贷款利率为千分之八，计算公式为：盈利结算=总支取金额 $*0.008$-总存入金额 $*0.003$

> **提　示**
>
> 定义两个变量存放总存入金额和总支取金额。使用 sum（） 函数进行汇总，使用 convert（） 函数进行转换。

参考代码如下：

```
/*统计说明：存款代表资金流入，取款代表贷款，假定存款利率为千分之3，贷款利率为千分之
```

8 * /

```
DECLARE @ inMoney money
DECLARE @ outMoney money
DECLARE @ profit money
SELECT * FROM tradeInfo
SELECT @ inMoney = sum（tradeMoney）FROM tradeInfo WHERE（tradeType ='存入'）
SELECT @ outMoney = sum（tradeMoney）FROM tradeInfo WHERE（tradeType ='支取'）
Print '银行流通余额总计为：' + convert（varchar（20），@ inMoney-@ outMoney）+' RMB '
set @ profit = @ outMoney * 0. 008-@ inMoney * 0. 003
print '盈利结算为：'+ convert（varchar（20），@ profit）+ ' RMB '
GO
```

【例 9-8】 查询本周开户信息。查询本周开户的卡号，并查询该卡的相关信息。

提 示

求时间差使用日期函数 DATADIFF( )，求星期几使用日期函数 DATEPART( )。

参考代码如下：

```
SELECT c. cardID 卡号，u. customerName 开户名，c. curID 货币，d. savingName 存款类型名称，
c. openDate开户日期，c. openMoney 开户金额，c. balance 存款金额，
    CASE c. IsReportLoss
WHEN 0 THEN '正常账户'
WHEN 1 THEN '挂失账户'
ELSE NULL
END 账户状态
FROM cardInfo c INNER JOIN userInfo u ON（c. customerID = u. customerID）
INNER JOIN deposit d ON（c. savingID = d. savingID）
WHERE（DATEDIFF（Day，getDate（），openDate）<DATEPART（weekday，openDate））
```

【例 9-9】 查询本月交易金额最高的卡号。查询本月存、取款交易金额最高的卡号信息。

提 示

在交易信息表中，采用子查询和 DISTINCT 去掉重复的卡号。

参考代码如下：

```
SELECT * FROM tradeInfo
SELECT DISTINCT cardID FROM tradeInfo
WHERE tradeMoney =（SELECT MAX（tradeMoney）FROM tradeInfo
```

WHERE DATEPART（mm, tradeDate）= DATEPART（mm, getdate（））

AND DATEPART（yy, tradeDate）= DATEPART（yy, getdate（）））

【例 9-10】查询挂失账户。

利用子查询 INDE 的方式或内部连接 INNER JOIN 命令，查询挂失账户的客户信息。

参考代码如下：

```
SELECT customerName as 客户姓名, telephone as 联系电话 FROM userInfo
WGERE customerID IN（SELECT customerID FROM cardInfo WHERE IsReportLoss = 1）
```

【例 9-11】催款提醒业务。

根据某种业务（如代缴电话费，代缴手机费等）的需要，每个月末，查询出账上余额少于 200 的客户，由银行统一致电催款。

> **提　示**
>
> 利用子查询查找当前存款余额小于 200 元的账户信息。

参考代码如下：

```
SELECT customerName as 开户名, telephone as 联系电话, balance as 余额
FROM userInfo INNER JOIN cardInfo ON userInfo. customerID = cardInfo. customerID
WHERE balance<200
```

（5）创建、使用视图。

【例 9-12】为了向客户提供友好的用户界面，使用 T_SQL 语句创建下面几个视图，并使用这些视图查询输出各表的信息。

re_userInfo：输出银行客户记录。

re_cardInfo：输出银行卡记录。

re_tranInfo：输出银行卡的交易记录。

re_oneUserInfo：根据客户登录名（采用实名制访问银行系统）查询该客户账户信息的视图。

> **提　示**
>
> 利用 SQL Server 系统函数 system_user 获取数据库用户名。

参考代码如下：

```
--1. 创建视图：查询银行客户信息
IF EXISTS（SELECT * FROM sysobjects WHERE name ='re_userInfo'）DROP VIEW re_userInfo
GO
CREATE VIEW　re_userInfo--客户表视图
AS
SELECT customerID as 客户编号, customerName as 开户名, PID as 身份证号, telephone as 电话号码,
address as 居住地址 FROM userInfo
```

```
GO
--使用视图
SELECT  *  FROM re_userInfo
GO
--2. 创建视图：查询银行卡信息
IF EXISTS（SELECT  *  FROM sysobjects WHERE name='re_cardInfo）DROP VIEW re_cardInfo
GO
CREATE VIEW re_cardInfo  --银行卡表视图
AS
SELECT c. cardID as 卡号，u. customerName as 开户名，c. curID as 币种，
        d. savingName as 存款类型，c. openDate as 开户日期，c. balance as 余额，
        c. passWord 密码，
        CASE c. IsReportLoss
        WHEN 0 THEN '挂失'
        WHEN 1 THEN '正常'
        END as 是否挂失
FROM cardInfo c，deposit d，userinfo u
WHERE c. savingID=d. savingID and c. customerID=u. customerID
GO
--使用视图
SELECT  *  FROM re-cardInfo
GO
--3. 创建视图：查看交易信息
IF EXISTS（SELECT  *  FROM sysobjects WHERE name='re_tradeInfo'）
DROP VIEW re_tradeInfo
GO
CREATE VIEW re_tradeInfo  --交易表视图
AS
SELECT tradeDate as 交易日期，tradeType as 交易类型，cardID as 卡号，tradeMoney as 交易金额，ma-
chine as 终端机编号 FROM tradeInfo
GO
--使用视图
SELECT  *  FROM re_tradeInfo
```

（6）使用存储过程实现业务处理。

【例 9-13】完成存款或取款业务：

1）根据银行卡号和交易金额实现银行卡的存款和取款业务。

2）每一笔存款、取款业务都要记入银行交易账目，并同时更新客户的存款余额。

3）如果是取款业务，在记账之前，要完成下面两项数据的检查验证工作。如果检查不合格，那么终端取款业务，给出提示信息后退出。

① 检查客户输入的密码是否正确。

② 账户取款金额是否大于当前存款额（取款前）加 1。

　　编写一个存储过程完成存款和取款业务，并调用存款过程进行取钱和存钱的测试。测试数据是：张三的卡号支取 300 元（密码 198006），李四的卡号存入 500 元。

　　　　鉴于存款时客户不需要提供密码，因此，在编写的存储过程中，为输入参数"密码"列设置默认值为 NULL。在存储过程中使用事务，以保证数据操作的一致性。测试时，可以根据客户姓名查出张三和李四的卡号。

　　参考代码如下：

```
IF EXISTS（SELECT ＊ FROM sysobjects WHERE name='usp_takeMoney'）
DROP PROC usp_takeMoney
GO
CREATE PROCEDURE usp_takeMoney
  @card char（19），
  @m money，
  @type char（4）
  @inputpass char（6）='' 
AS
  Print '交易进行中，请稍后…'
  IF（@type='支取'）
    IF（（SELECT password FROM cardInfo WHERE cardID=@card）<>@inputPass）
      BEGIN
        RAISERROR（'密码错误！'，16，1）
        Return-1
      END
DECLARE @mytradeType char（4），@outMoney money，@myCardID char（19）
SELECT @mytradeType，@outMoney=tradeMoney，@myCardID=cardID
FROM tradeInfo WHERE cardID=@card
DECLARE @mybalance money
SELECT @mybalance=balance FROM cardInfo WHERE cardID=@card
IF（@type='支取'）
  BEGIN
    IF（@mybalance>=@m+1）
      UPDATE cardInfo SET balance=balance-@m WHERE cardID=@myCardID
ELSE
  BEGIN
    RAISERROR（'交易失败！余额不足！'，16，1）
    Print '卡号'+@card+'余额：'+convert（varchar（20），@mybalance）
    Return-2
  END
ELSE
  BEGIN
```

```
    UPDATE cardInfo SET balance=balance+@m WHERE cardID=@card
    Print '交易成功！交易金额：'+convert（varchar（20），@m）
    SELECT @mybalance=balance FROM cardInfo WHERE cardID=@card
    Print '卡号'+@card+'余额：'+convert（varchar（20），@mybalance）
    INSERT INTO tradeInfo（tradeType，cardID，tradeMoney）
    VALUES（@type，@card，@m）
    return 0
  END
GO
--调用存储过程取钱或存钱，张三取 300 元，李四存 500 元
--现实中的取款机依靠读卡器读出张三的卡号，这里根据张三的名字查出卡号来模拟
DECLARE @card char（19）
SELECT @card=cardID FROM cardInfo INNER JOIN userInfo
ON cardInfo.customerID='张三'
EXEC usp_takeMoney @card，10，'支取'，'198006'
GO
SELECT * FROM cardInfo INNER JOIN userInfo
ON cardInfo.customerID=userInfo.customerID
WHERE customerName='张三'
DECLARE @card char（19）
SELECT @card=cardID FROM cardInfo INNER JOIN userInfo
ON cardInfo.customerID=userInfo.customerID
WHERE customerName='李四'
EXEC usp_takeMoney @card，500，'存入'
SELECT * FROM re_cardInfo
SELECT * FROM re_tradeInfo
GO
```

【例 9-14】产生随机卡号。

创建储存过程产生 8 位随机数字，与前 8 位固定的数字“6456 3828”连接，生成一个由 16 位数字组成的银行卡号，并输出。

提　示

使用随机函数生成银行卡的后 8 位数字。

随机函数的用法如下：

RAND（随即种子）将产生 0~1 的随机数，要求每次的随机种子不一样。为了保证随机种子每次都不相同，一般采用的算法是：

随机种子=当前的月份数×10000+当前的秒数×1000+当前的毫秒数

产生了 0~1 的随机数后，取小数点后 8 位，即 0.********。

参考代码如下：

```
IF EXISTS（SELECT ＊ FROM sysobjects WHERE name='usp_randCardID'）
    DROP PROC usp_randCardID
GO
CREATE PROCEDURE usp_randCardID
    @randCardID char（19）OUTPUT
AS
    DECLARE @r numeric（15，8）
    DECLARE @tempStr char（10）
    Select@r=RAND（（DATEPART（mm，GETDATE（））＊100000）+（DATEPART（ss，GET-
DATE（））＊1000）+DATEPART（ms，GETDATE（）））
    --产生0.＊＊＊＊＊＊＊＊的数字.我们需要小数点后的8位数字.
    SET@randCardID='64563828'=SUBSTRING（@tempStr，3，4）=''+SUBSTRING（@tempStr，7，4）
GO
--测试产生随机卡号
DECLARE @mycardID char（19）
EXECUTE usp_randCardID　@mycardID OUTPUT
Print '产生的随机卡号为'@mycardID
GO
```

【例9-15】完成开户业务。

利用储存过程为客户开设两个银行账户。开户时需要提供客户的信息有：开户名、身份证号、电话号码、开户金额、存款类型和地址。客户信息见表9-12。

提 示

调用上述产生随机卡号的储存过程获得生成的随机卡号。检查该随机卡号在现有的银行卡中是否已经存在。如果不存在，则往相关表中插入开户信息；否则将调用上述产生随机卡号的储存过程，重新产生随机卡号，直到产生一个不存在的银行卡号为止。

表9-12　两位客户的开户信息

姓名	身份证号	联系电话	开户金额	存款类型	地址
李璐	232100197603258215	0451-86321566	￥100.00	活期	黑龙江哈尔滨
王建国	230765198012237036	15934546359	￥1.00	定期	黑龙江佳木斯

参考代码如下：

```
IF EXISTS（SELECT ＊ FROM sysobjects WHERE name='usp_openAccount'）
DROP　PROC usp_openAccount
GO
CREATE PROCEDURE usp_openAcccount
    @customerName varchar（20），@PID char（18），@telephone char（13），
    @openMoney money，@savingName cher（8），@address varchar（50）=''
```

AS

　　DECLARE @ mycardID char（19）, @ cur_customerID int, @ savingID　int

--调用产生随机卡号的存储过程获得随机卡号

EXECUTE usp_randCardID @ mycardID OUTPUT

Print '尊敬的客户，开户成功！系统为你产生的随机卡号为：'+@ mycardID

Print　'开户日期'+convert（char（10）, getdate（）, 111）+'开户金额：'

　　+convert（varchar（20）, @ openMoney）

IF NOT EXISTS（SELECT ＊ FROM userInfo WHERE PID=@ PID）

INSERT INTO userInfo（customerName, PID, telephone, address）

VALUES（@ customerName, @ PID, @ telephone, @ adderss）

SELECT @ savingID=savingID FROM deposit WHERE savingName=@ sacingName

IF @ savingID IS NULL

　　BEGIN

　　　RAISERROR（'存款类行不正确，请重新输入！', 16, 1）

　　　RETURN-1

　　END

SELECT @ cur_customerID=customerID FROM userInfo WHERE PID=@ PID

INSERT INTO cardInfo（cardID, savingID, openMoney, balance, customerID）

VALUES（@ mycardID, @ savingID, @ openMoney, @ openMoney, @ cur_customerID）

GO

--调用存储过程重新开户

EXEC usp_openAccount '李璐', ' 232100197603258215 ', ' 0451-86321566 ', 100, '活期', '黑龙江哈尔滨'

EXEC usp_openAccount '王建国', ' 230765198012237036 ', ' 15934546359 ', 1 , '定期', '黑龙江佳木斯'

SELECT ＊ FROM re_userInfo

SELECT ＊ FROM re_cardInfo

GO

【例 9-16】 打印客户对账单。

要求：

1）为某个特定的银行卡号打印指定时间内发生交易的对账单。

2）设计一个存储过程。分别以两种方式执行存储过程：

① 如果不指定交易时间段，那么打印指定卡号发生的所有交易记录。

② 如果指定时间段，那么打印指定卡号在指定时间内发生的所有交易记录。

参考代码如下：

IF EXISTS（SELECT ＊ FROM sysobjects WHERE name=' usp_CheckSheet '）

　　DROP PROC usp_CheckSheet

GO

CREATE PROCEDURE usp_CheckSheet

　　@ cardID varchar（19）,

　　@ date1 datetime=NULL,

```
    @ date2 datetime＝NULL,
AS
    DECLARE @ custName varchar（20）
    DECLARE @ curName varchar（20）
    DECLARE @ savingName varchar（20）
    DECLARE @ openDate datetime
    SELECT @ cardID＝c. caleID, @ curName＝c. cuerID, @ custName＝u. customerName,
@ savingName＝d. savingName , @ openDate＝c. openDate
    FROM cardInfo c, userInfo u, deposit d
    WHERE c. customerID＝u. customerID and c. savingID＝d. savingID And cardID＝@ cardID
    PRINT '卡号：'+@ cardID
    PRINT '姓名：'+@ custName
    PRINT '货币：'+@ curName
    PRINT '存款类型：'+@ savingName
    PRINT '开户日期：'+CAST（DATPART（yyyy, @ openDate）AS VARCHAR（4））+'年'
+CAST（DATEPART（mm, @ openDate）ASVARCHAR（2）+'月'+CAST（DATEPART（dd, @ open-
Date）AS VARCHAR（2）+'日'
    PRINT '  '
    PRINT '----------------------------------------------------'
    IF @ date1 IS NULL AND @ date2 IS NULL
        BEGIN
            SELECT tradeDate 交易日, tradeType 类型, tradeMoney 交易金额
            FROM tradeInfo
            WHERE cardID＝@ cardID
            ORDER BY tradeDate
            RETURN
        END
    ELSE IF @ date2 IS NULL
        SET @ date2＝＝getdate（）
        SELECT tradeDate 交易日, tradeType 类型, tradeMoney 交易金额
        FROM tradeInfo
        WHERE cardID＝@ cardID AND teaneDate BETWEEN @ date1 AND @ date2
        ORDER BY tradeDate
GO
--测试打印对账单
EXEC usp_Checksheet  '6456 3828 1234 5678'
EXEC usp_Checksheet  '6456 3828 5678 1234', '2014-10-20', '2015-06-30'
```

【例9-17】统计银行卡交易量和交易额。

统计指定时间段内某地区客户银行卡交易量和交易额。如果不指定地区，则查询所有客户的交易量交易额。

提 示

　　设计存储过程，三个参数分别指明统计的起始日期，终止日期和客户所在区域。
如果没有指定起始日期，那么自当年的 1 月 1 日开始统计。如果没有指定终止日期，
那么以当日作为截止日。如果没有指定地点，那么统计全部客户的交易量和交易额。

　　参考代码如下：

```
IF EXISTS （SELECT * FROM sysobjects WHERE name='usp_getTradeInfo'）
    DROP PROC usp_getTradeInfo
GO
CREATE PROCEDURE usp_getTradeInfo
    @Num1 int output,
    @Amount1 decimal （18，2） output,
    @Num2 int output,
    @Amount2 decimal （18，2） output,
    @date2 datetime,
    @date2 datetime=NULL,
    @address varchar （20） =NULL
AS
    --初始化变量
    SET @Num1=0
    SET @Amount1=0
    SET @Num2=0
    SET @Amount2=0
    IF @date2 IS NULL
        SET @date2=getdate （）
    IF @address IS NULL
        BEGIN
            SELECT @Num1=COUNT （tradeMoney）, @Amount1=SUM （tradeMoney）
            FROM tradeInfo
            WHERE tradeDate BETWEEN @date1 AND @date2 AND tradeType='存入'
            SELECT @Num2=COUNT （tradeMoney）, @Amount2=SUM （tradeMoney）
            FROM tradeInfo
            WHERE tradeDate BETWEEN @date1 AND @date2 AND tradeType='支取'
        END
    ELSE
        BEGIN
            SELECT @Num1=COUNT （tradeMoney）, @Amount1=SUM （tradeMoney）
            FROM tradeInfo JOIN cardInfo ON tradeInfo.cardID==cardInfo.cardID
                JOIN userInfo ON cardInfo.customerID=userInfo.coutmerID
            WHERE tradeDate BETWEEN @date1 AND @date2 AND tradeType='存入'
                AND address Like '%'+@address+'%'
```

```
    SELECT @Num2=COUNT（tradeMoney），@Amount2=SUM（tradeMoney）
    FROM tradeInfo JOIN cardInfo ON tradeInfo. cardID==cardInfo. cardID
        JOIN userInfo ON cardInfo. customerID=userInfo. coutomerID
    WHERE tradeDate BETWEEN @date1 AND @date2 AND tradeType='支取'
        AND address Like '%'+@address+'%'
    END
GO
```

（7）利用事务实现转账。

【例9-18】 使用事务和存储过程实现转账业务，其具体操作步骤如下：

1）从某一个账户中支取一定金额的存款。

2）将支取金额存入另一个指定的账户中。

3）分别打印此笔业务的转出账单和转入账单。

参考代码如下：

```
IF EXISTS（SELECT * FROM sysobjects WHERE name=' usp_tradefer '）
    DROP PROC usp_tradefer
GO
CREATE PROCEDURE usp_tradefer
    @card1 char（19），
    @pwd char（6），
    @card2 char（19），
    @sutmoney money
AS
    DECLARE @date1 datetime
    DECLARE @date2 datetime
    SET @date1=getdate（）
    BEGIN TRAN
        print '正在转账中，请稍后…'
        DECLARE @errors int
        set @errors=0
        DECLARE @result int
        EXEC @result=usp_takeMony @card1 , @outmoney , '支取' , @pwd
        Set @errors=@errors + @@error
        IF（@errors>0 or @result<>0）
    BEGIN
        Print '转账失败'
        ROLLBACK TRAN
        RETURN-1
    END
ELSE
    BEGIN
        print '转账成功！'
```

```
        COMMIT TRAN
        SET @ date2 = getdate ( )
        Print '打印转出账户对账单'
        Print '-------------------------------'
        EXECusp_CheckSheet @ card1, @ date1, @ date2
        print '打印转入账户对账单'
        print '-------------------------------'
        EXEC usp_CheckSheet @ card2, @ date1, @ date2
        RETURN 0
        END
    GO
--测试上述事务存储过程
--从李四的账户转账 2000 元到张三的账户
--同上一样，现实中的取款机依靠读卡器读出张三、李四的卡号，这里根据张三、李四的名字查出
卡号来模拟
    DECLARE @ card1 char （19）, @ card2 char （19）
    SELECT @ card1 = cardID FROM cardInfo INNER JOIN userInfo ON cardInfo   ON customerID = userIn-
fo. customerID
    WHERE customerName = '李四'
    SELECT @ card2 = cardID FROM cardInfo inner Join userInfo ON cardInfo. customerID =
    userInfo. customerID
    WHERE customerName = '张三'
    --调用上述事务过程转账
    EXEC usp_tradefer @ card1 , '123123' , @ card2, 2000
    SELECT  *  FROM re_ userInfo
    SELECT  *  FROM re_cardinfo
    SELECT  *  FROM re_tradeInfo
    GO
```

项目 10　数据库新技术介绍

【学习目标】

（1）了解数据库新技术发展趋势；

（2）了解 GaussDB 数据库的突破点；

（3）了解 GaussDB 的管理和开发工具。

【技能目标】

（1）了解安装华为 GaussDB 的系统要求；

（2）在 RHEL7.6 平台上安装 GaussDB 100；

（3）掌握 Data Studio 工具的使用。

【相关知识】

对于信息系统来说，数据库是不可或缺的核心基础软件。数据库性能的高低直接关系到信息系统使用的好坏。长久以来，国内信息系统都是基于国外的数据库管理软件，ORACLE、SQL Server 等主流数据库占据了几乎全部的国内市场份额。虽然也有国产数据库被研发出来，但是由于数据库性能不足、稳定性不高，导致国产数据库始终没有发展起来。

华为厚积薄发，在进行了充分的技术准备并长时间扎实开发后，于 2019 年 5 月推出了具有自主知识产权、本地化的 GaussDB 数据库。华为之所以将数据库取名为 GaussDB，不仅蕴含着华为对数学和科学的敬畏，也承载着华为对基础软件的坚持和梦想。

当前，人类社会正快速进入到人工智能时代。GaussDB 作为全球首款基于人工智能的原生数据库，具有以下两大革命性突破：

（1）首次将人工智能技术融入到分布式数据库的全生命周期，实现自运维、自管理、自调优、故障自诊断和自愈。在交易、分析和混合负载场景下，基于最优化理论，首创基于深度强化学习的自调优算法，调优性能比业界提升 60% 以上。

（2）通过异构计算创新框架充分发挥 X86、ARM、GPU、NPU 多种算力优势，在权威标准测试集 TPC-DS 上，性能比目前主流数据库提升 50%。

此外，GaussDB 还支持本地部署、私有云、公有云等多种场景。在华为云上，GaussDB 为金融、互联网、物流、教育、汽车等行业客户提供全功能、高性能的云上数据仓库服务。

截至目前，华为 GaussDB 数据库和 FusionInsight 大数据平台已经应用于全球 60 个国家及地区，服务于 1500 多个客户，拥有 500 多家商业合作伙伴，并广泛应用于金融、运营商、政府、能源、医疗、制造、交通等多个行业。

GaussDB 主要分两类：一类是 GaussDB 200，主要负责 OLAP 类型数据库；一类是

GaussDB 100，主要负责 OLTP 类型数据库。在此介绍 GaussDB 100 在 RHEL7.6 上的安装，其操作步骤包括：

（1）软件准备。在华为官网下载 GaussDB 安装文件 GaussDB_100_1.0.1-DATABASE-REDHAT-64 bit. tar. gz。

（2）环境设置。其中包括：

1）关闭 SELINUX。操作如下：

① 编辑 config 文件，在终端输入：vim/etc/selinux/config。

② 修改 SELINUX 参数值，把 "SELINUX＝enforcing" 改为 "SELINUX＝disabled"。

2）关闭防火墙。操作如下：

① systemctl stop firewalld. service

② systemctl disable firewalld. service

3）编辑环境变量。操作如下：

① 打开 profile 文件，在终端输入：vim /etc/profile。

② 文件最后一行添加 "ulimit-c unlimited"。

4）刷新环境变量：

［root@ wgh ~］# source /etc/profile

5）编辑内核参数：

① 打开 sysctl. conf 文件，在终端输入：［root@ wgh ~］# vim /etc/sysctl. conf。

② 最后一行添加：kernel. core_pattern＝/corefile/core-%e-%p-%t。

6）刷新内核参数：

［root@ wgh ~］#sysctl-p

（3）创建用户组、用户、文件夹。

1）创建用户组和用户。操作如下：

① ［root@ wgh ~］#groupadd dbgrp

② ［root@ wgh ~］#useradd-g dbgrp-d /home/omm-m-s /bin/bash omm

2）修改用户密码：

［root@ wgh ~］# passwd omm

3）创建文件夹：

［root@ wgh ~］# mkdir-p /opt/software/gaussdb

（4）软件上传、解压、安装。

1）上传。用 FileZilla 等 ftp 工具将下载的文件 "GaussDB_100_1.0.1-DATABASE-REDHAT-64 bit. tar. gz" 上传到/opt/software/gaussdb 目录中。

2）解压：

［root@ wgh ~］# cd /opt/software/gaussdb/

〔root@ wgh gaussdb〕# tar -zxvf

GaussDB_100_1.0.1-DATABASE-REDHAT-64bit.tar.gz

3）安装：

〔root@ wgh gaussdb〕# cd GaussDB_100_1.0.1-DATABASE-REDHAT-64bit/

〔root@ wgh GaussDB_100_1.0.1-DATABASE-REDHAT-64bit〕# python install.py -U omm：dbgrp-R /

opt/gaussdb/app-D /opt/gaussdb/data-C

LSNR_ADDR=127.0.0.1，192.168.43.175-C LSNR_PORT=1888

192.168.43.175 为服务器 IP 地址。

（5）启动数据库。其中包括：

1）切换用户：

〔root@ wgh GaussDB_100_1.0.1-DATABASE-REDHAT-64bit〕# su － omm

2）启动数据库并登陆：

〔omm@ wgh ~〕 $ cd /opt/gaussdb/app/bin/

〔omm@ wgh bin〕 $ python zctl.py -t start

〔omm@ wgh bin〕 $ zsql SYS/syspwd@ 127.0.0.1：1888

Warning：SSL connection to server without CA certificate is insecure. Continue anyway?（y/n）：y

connected.

3）测试是否可以访问表：

SQL> select count （1） from sys_tables；

COUNT （1）

86

成功访问表 sys_tables。

（6）Data Studio 连接。Data Studio 为 GaussDB 的客户端工具，通过图形化界面来展示数据库的主要功能，简化数据库开发和应用构建任务。Data Studio 可以在华为官网下载。无需安装，下载解压后可直接运行。值得注意的是，Data Studio 需要 JDK 支持，因此需要先安装 JDK 工具。其中包括：

1）服务器环境设置。操作如下：

① 添加白名单：

〔root@ wgh ~〕# cd /opt/gaussdb/data/cfg/

〔root@ wgh cfg〕# vim zhba.conf

尾行添加客户端 IP 地址：host ＊ 192.168.43.147，：：1

最终显示

[root@ wgh cfg] # cat zhba. conf

host ＊ 127. 0. 0. 1, :: 1

host ＊ 192. 168. 43. 147, :: 1

② 重启数据库：

omm 登录：[root@ wgh ~] # su － omm

[omm@ wgh ~] $ cd /opt/gaussdb/app/bin/

[omm@ wgh bin] $ python zctl. py －t stop

[omm@ wgh bin] $ python zctl. py －t start

③ 创建数据库用户（Data Studio 默认无法通过 SYS 用户登录）：

[omm@ wgh bin] $ zsql SYS/syspwd@ 127. 0. 0. 1：1888

Warning：SSL connection to server without CA certificate is insecure. Continue anyway? (y/n)：y

connected.

SQL> create user wgh identified by ' Wgh@ 123 ';

SQL> grant dba to wgh；

2）Data Studio 连接及操作。操作如下：

① 新建数据库连接，如图 10-1 所示。

图 10-1 Data Studio 新建连接界面

②打开查询窗口，可以在窗口中对数据库进行各种 DML 操作，如图 10-2 所示。

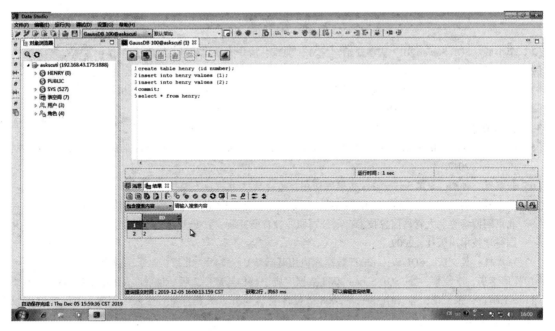

图 10-2　Data Studio 操作界面

参 考 文 献

［1］李小威. SQL Server 2017 从零开始学 ［M］. 北京：清华大学出版社，2019.

［2］张延松. SQL Server 2017 数据库分析处理技术 ［M］. 北京：电子工业出版社，2019.

［3］杨先凤，岳静，朱小梅. 数据库原理及应用——SQL Server2017 ［M］. 北京：机械工业出版社，2019.

［4］卢扬，周欢，张兆桃. SQL Server 2017 数据库应用技术项目化教程 ［M］. 北京：电子工业出版社，2019.

［5］Gregory Blake. SQL Server 2017：A Practical Guide for Beginners ［M］. CreateSpace Independent Publishing Platform，2017.

［6］张素青，孙杰. SQL Server2008 数据库应用技术 ［M］. 北京：人民邮电出版社，2013.

［7］王玉姣，周祖才，王晓刚. SQL Server 2008 数据库任务教程 ［M］. 北京：中国铁道出版社，2014.

［8］北京阿博泰克北大青鸟信息技术有限公司职业教育研究所. 数据库应用与性能优化 ［M］. 北京：中国科学技术出版社，2009.

［9］汤承林，吴文庆. SQL Server2005 数据库应用基础 ［M］. 2 版. 北京：电子工业出版社，2011.

［10］邱李华，李晓黎，等. SQL Server 2008 数据库应用教程 ［M］. 2 版. 北京：人民邮电出版社，2012.

［11］王雨竹，张玉花，等. SQL Server 2008 数据库管理与开发教程 ［M］. 2 版. 北京：人民邮电出版社，2012.

［12］祝红涛，李玺. SQL Server 2008 数据库应用简明教程 ［M］. 北京：清华大学出版社，2010.